LE CERVEAU SUR MESURE

Jean-Didier Vincent et Pierre-Marie Lledo

LE CERVEAU SUR MESURE

Odile Jacob

15, RUE SOUFFLOT, 75005 PARIS

www.odilejacob.fr

ISBN : 978-2-7381-2709-9

À la mémoire de mon père, qui a inspiré le titre de cet ouvrage.
À ma très chère mère pour son indéfectible amour.
À toi seule, tu incarnes toute l'injustice d'une maladie neurodégénérative devenue malheureusement trop fréquente.

P.-M. L.

À mes enfants et petits-enfants, dont le cerveau porte les espoirs de mon génome.

J.-D. V.

Introduction

« L'homme et son cerveau, quelle affaire ! »

Anonyme.

Quelle merveille ! devrait-on dire. Le cerveau d'un humain n'appartient qu'à lui, mais il n'en éprouve pas la présence, de la même façon qu'il ne sent pas sur son corps un costume si bien ajusté à ses mesures qu'il en est comme oublié. La tête est parfois lourde et douloureuse mais, paradoxe, le cerveau, organe de toutes les sensations, est en lui-même insensible : une masse molle qui s'offre sans douleur au bistouri du neurochirurgien. Taillé sur un patron qui est le même pour toute l'espèce, il exprime l'être propre de chaque *individu*, autrement dit de son âme – avec toute la prudence qui convient à l'emploi d'un mot chargé de métaphysique.

Longtemps, la forme de ces 1 500 grammes de matière molle et grisâtre a résisté à l'analyse des observateurs. L'évêque Niels Stensen, nommé aussi Nicolas Sténon[1] (1638-1686), et dont l'Église catholique a fait un saint, était un grand savant, un anatomiste, un géologue et aussi un théologien, avant de se consacrer à la conversion des luthériens. Il dénonçait « la prétention de ces gens [Descartes et consorts] qui ont l'affirmation si prompte [et] vous donneront l'histoire du cerveau et la disposition de ses parties avec la même assurance que s'ils avaient été présents à la composition de cette merveilleuse machine et que s'ils avaient pénétré dans tous les desseins de son grand architecte[2] ». Aujourd'hui, après trois siècles d'anatomie et soixante années de neurosciences modernes[3], bien des voiles se sont levés sur la forme du cerveau et les fonctions qui en dépendent. Ceux-ci sont les produits d'une histoire et, grâce à Darwin et à sa théorie de l'évolution des espèces, il n'est plus nécessaire de faire appel aux desseins d'un grand architecte. Que les amateurs de mystère se rassurent cependant, le temps n'est pas encore venu, malgré les efforts constants des chercheurs, de comprendre où se nichent tous les secrets de l'âme humaine ; au grand dam des constructeurs de machines destinées à lire les mystères de la pensée, lesquelles pourraient se révéler n'être que des machines à décerveler[4].

L'histoire du cerveau humain se confond avec l'odyssée de notre espèce. Celle-ci apparaît, il y a environ deux cent mille ans, porteuse d'un cerveau moderne qui n'a pas évolué depuis. Qui sont ces hommes qui apparaissent au début de l'ère quarternaire ? Mâles ou femelles, ils vont peau nue et chevelus. « Lui » a appris très vite à protéger son pénis des regards des autres et des offenses des sentiers épineux. « Elle » exhibe volontiers ses seins pendulaires et ses fesses charnues, blasons de sa féminité. Ils n'ont ni honte ni pudeur ; les vêtements viendront plus tard avec la morale et la loi. Aucune émotion ne leur est étrangère, mais ils sont avant tout doués de compassion, caractère issu de la sélection naturelle, fondement sur lequel l'espèce s'est développée. Jamais ces êtres aux canines courtes et dépourvus de griffes n'auraient pu survivre sans l'entraide et la capacité de pénétrer l'âme d'autrui pour y lire des intentions ou des sentiments personnels. Leurs pas rythment leur pensée qui circule librement d'un cerveau à l'autre. Leurs yeux éclairent le jour et en chassent la solitude. Ils s'endorment la nuit, écrasés par le poids des étoiles que soulèvent vaguement les flammes du feu.

Ce que tout jardinier sait est vrai aussi pour l'homme : c'est un produit de la terre. Il est donc naturel que son sort soit lié à celui du sol qui l'a fait naître. Il y a de cela six à sept millions d'années, l'Afrique de l'Est subit une sécheresse qui amène la disparition de la forêt humide, remplacée par une savane arborée. Impropre aux déplacements de branche en branche, celle-ci favorise l'essor de la bipédie chez les grands singes et leur locomotion terrestre[5]. Ils sont l'avant-garde de l'humanité avec un cerveau de moins de 400 grammes. La fameuse Lucy est le fleuron de ces australopithèques qui peuplent la Terre à la fin de l'ère tertiaire. Viennent ensuite les *Homo*. Si le genre *Homo habilis* se cantonne à l'Afrique, un autre *Homo, erectus*, colonise l'Europe il y a deux millions d'années.

Au commencement de cette préhistoire, on ne retrouve qu'une poignée d'individus d'un drôle de genre. Ils sont debout, la tête droite sur les épaules. Ils vont de l'avant ; leurs yeux étonnés regardent le monde[6]. Ils sont dispersés[7] sur un territoire correspondant au sud de l'Éthiopie actuelle, autour de la basse vallée de l'Omo, près du lac Turkana[8]. Ces *Homo habilis* maîtrisent des techniques très efficaces de débitage des pierres, galets et silex pour produire des lames et outils. Deux millions d'années avant notre ère, ces pèlerins du monde ont accompli la lente conquête de la surface terrestre. L'artisan habile n'était pas encore un intellectuel accompli : il attendra pour cela que son cerveau double de taille[9]. La priorité pour lui est maintenant de savoir se servir de sa tête. Pour contrer les changements climatiques et pouvoir se nourrir au-delà des terres natales, le genre *Homo* choisit la dissuasion intellectuelle en développant son encéphale et adopte un régime à large spectre alimentaire, viandes comprises. Le fait omnivore et son opportunisme se sont imposés au même titre que le fait intellectuel. Les deux ont d'ailleurs partie liée. Adaptation au fait carnivore, les canines d'*Homo* se sont raccourcies. Elles ont été remplacées progressivement par des outils et par une tolérance accrue à l'égard des congénères qui préféraient occuper leur temps à perfectionner leurs modes de chasse et à partager la nourriture que de se mordre les uns les autres.

Avec ses 900 grammes de cerveau en moyenne, *Homo erectus* a inventé la société, c'est-à-dire le partage du travail, la domestication du feu, la cuisson des aliments et les technologies de l'argile. C'étaient encore la Terre et son climat qui commandaient les modifications de l'espèce humaine. Neuf âges glaciaires s'étalent entre – 900 000 et – 15 000 ans ; signes encore visibles aujourd'hui des oscillations climatiques lentes qui ont perturbé la surface du globe[10].

Arrivés en Europe il y a plus d'un million d'années, les premiers hommes, y compris le fameux Cro-Magnon, se sont retrouvés pris au piège par les glaciations. Ces longues périodes glaciaires avaient modifié profondément les paysages, le contour des terres et le niveau des mers ; un pont continental de plus de mille kilomètres reliait alors l'Alaska et la Sibérie.

L'archéologie paléolithique a mis au jour quelques-uns de ces lointains mystères qui jalonnent ces périodes si fécondes en événements capitaux qui ont scellé le destin de l'homme moderne. Les paléoanthropologues nous apprennent que nous aurions quatre ancêtres communs appartenant au phylum des hominidés[11]. C'est en particulier grâce à l'avènement de la génétique anthropologique que cette classification a été réalisée. Ainsi distingue-t-on facilement le néandertalien d'*Homo sapiens* par leurs gènes respectifs, mais représentaient-ils vraiment deux espèces différentes[12] ? La question reste posée dans la mesure où certaines populations de *sapiens* possèdent jusqu'à 2 % de gènes néandertaliens, entre autres le peuple français. Cette contribution néandertalienne au génome de l'homme moderne, très discrète, mais incontestable, montre que l'interfécondité a été possible entre Neandertal et *Homo sapiens*[13]. Serions-nous devenus des *Homo neandersapiens* ?

Homo floresiensis a été découvert en septembre 2003 dans une caverne de l'île de Flores (à Java) en Indonésie. Il vient compliquer cette saga. On date entre – 12 000 et – 95 000 les restes de cet *Homo* doté d'un petit cerveau (380 cm^3) et dont la capacité crânienne est plus proche de celle du chimpanzé que celui de *sapiens*. Pourtant, cette ébauche d'*Homo* était déjà capable de fabriquer des outils aussi complexes que son cousin *sapiens*. Le mystère reste donc entier.

Enfin, une fillette ayant vécu il y a plus de cinquante mille ans a été découverte sur le site archéologique de Denisova, au sud de la Sibérie occidentale[14]. Nouvelle espèce d'hominidé ou une sous-espèce de Neandertal ? Les spéculations sur l'existence de ces denisoviens vont bon train. D'aucuns suggèrent voir ici la preuve de l'existence d'un néandertalien asiatique fort distinct du genre *Homo*. D'autres, au contraire, y voient plus volontiers la preuve d'une nouvelle espèce ayant vécu avant les néandertaliens, une sorte d'ante-néandertaliens. De nouveau, ce sont les analyses génétiques qui viennent apporter leur lot de surprises. Les denisoviens se seraient reproduits avec les *Homo sapiens* puisque les analyses génétiques réalisées chez les *sapiens* originaires de Mélanésie et de Nouvelle-Guinée montrent la présence de gènes denisoviens. Force est de constater que l'évolution de l'homme moderne ne s'est pas faite à partir d'une seule ébauche, mais plutôt après plusieurs tentatives aveugles, dont une seule donna naissance à *Homo sapiens*, sans qu'aucun plan préalable ait anticipé le résultat.

De cette évolution complexe de l'espèce humaine, nous retiendrons schématiquement deux espèces (ou variétés ?) : *Homo sapiens*, l'être humain d'aujourd'hui, et *Homo neandertalensis*, rejeté du côté de la brute. Ces derniers ont en effet un « look » particulier : courts sur pattes, ils ont en revanche une tête volumineuse étirée sur l'arrière ; leur nez est saillant, leurs pommettes effacées ; leur front relativement bas s'achève sur un bourrelet osseux surplombant les orbites ; leur carrure imposante, large et musculeuse témoigne de leur force. Ces traits les ont longtemps fait accuser de bestialité, alors que, à l'inverse, leurs tombes et les reliques qu'elles contiennent laissent supposer chez eux une spiritualité vive. Leur cerveau de 1 600 grammes, donc de taille supérieure à celui de *sapiens*, suggère des capacités intellectuelles développées, dont témoignent leurs technologies de l'outillage et la présence d'objets manufacturés, bijoux, récipients, etc. Les néandertaliens disparurent sans qu'on connaisse véritablement les raisons de cette extinction. Pour le cerveau humain, les temps modernes ont commencé et l'homme a dû se débrouiller avec cet organe logé dans son crâne que lui a légué l'évolution : le nôtre. Ainsi, il y a trente-cinq mille ans, *Homo sapiens* s'est emparé définitivement du monde en faisant disparaître tous les autres groupes d'hominidés, Neandertal compris.

Si le cerveau de l'homme adulte possède une taille moyenne universelle, variable selon les individus et le sexe, nous retiendrons, malgré la récurrence des polémiques d'ordre idéologique, qu'il n'existe aucune corrélation significative entre la taille, l'origine ethnique et les facultés intellectuelles des individus. En revanche, cette merveille de complexité – plusieurs milliards de cellules – n'a rien d'immuable et de fixe, comme les composés d'un ordinateur. Si ordinateur il y a, celui-ci est fait de chair vive, matière changeante construite pour le changement et qui n'existe elle-même que par le changement. Cela veut dire qu'elle incarne un devenir. Elle confère la faculté d'accomplir demain des opérations que nous sommes incapables de réaliser aujourd'hui ou de faire des choses aujourd'hui que nous étions incapables d'effectuer hier encore. Toutes nos aptitudes particulières, manuelles et intellectuelles, qui concourent à faire de chacun de nous un spécialiste, un expert unique, sont pour une grande part façonnées durant les premières phases du développement cérébral de l'enfant et de l'adolescent.

Rappelons que la croissance du cerveau de l'homme moderne présente deux caractéristiques importantes que l'on ne retrouve pas chez les autres mammifères, en particulier chez les autres primates. La première singularité concerne la croissance du cerveau qui nécessite au moins deux décennies pour s'achever. Cette croissance lente du cerveau du petit de l'homme offre la possibilité d'une longue période d'éducation où l'instruction sera centrale. La seconde caractéristique est illustrée par le retard du cerveau du nouveau-né à se développer (à la naissance, il atteint à peine 25 % de sa taille adulte[15]). L'homme naît donc dans un double paradoxe[16], avec un cerveau très immature à la naissance et qui n'est pas pressé de rattraper son retard. On appelle cette propriété l'« altricialité secondaire[17] ». Pendant cette longue période de croissance, l'enfant reçoit des signaux du monde extérieur, interagit avec son groupe social et peut acquérir une possibilité de fonction nouvelle : le langage articulé. Les primates non humains se développent selon des modalités fort différentes. Chez le chimpanzé, par exemple, le volume de son cerveau à la naissance équivaut déjà à plus de 50 % de celui de l'adulte et sa croissance s'achève très vite vers l'âge de 2 ans.

C'est grâce à l'empreinte laissée par l'environnement sur les circuits nerveux que chacun de nous peut acquérir ses traits uniques. C'est cela l'héritage évolutif, c'est-à-dire la possibilité de voir son système nerveux façonné par le double jeu de l'expérience et de l'environnement. Cette thèse centrale à notre ouvrage fera l'objet d'une discussion plus détaillée et documentée au chapitre 3.

L'histoire des espèces paraît capitale pour comprendre comment notre cerveau fonctionne. On est en droit de se demander quand il est apparu sous la forme qu'on lui connaît. Le système nerveux est contingent de l'émergence du règne animal. Nous verrons au chapitre 1 que les premiers vertébrés, poussés par la faim, ont perfectionné la prédation grâce à l'adoption d'une « nouvelle tête ». Celle-ci a émergé vers l'avant du corps pour leur permettre de se mouvoir efficacement afin de saisir les proies. En vertu de ce principe, c'est la locomotion, et non la sensorialité, qui serait la logique constitutive de l'émergence du système nerveux qui est devenu « central » chez les vertébrés. C'est donc poussés par la nécessité de se mouvoir pour se nourrir que sont nés la tête et son cerveau. La boucle perception-action qui relie efficacement les capteurs sensoriels aux muscles est la fonction vitale sur laquelle l'évolution a exercé sa pression pour que notre cerveau émerge.

En somme, pour bâtir un cerveau humain, il aura fallu près d'un milliard et demi d'années à l'évolution des espèces. Durant les trois quarts de cette période, l'élaboration d'une ébauche du système nerveux a permis aux animaux d'acquérir un plus grand degré d'autonomie sensorielle et motrice. Jusqu'au jurassique[18], les animaux ne pouvaient se mouvoir que pour chasser une proie ou combattre un prédateur. Ce n'est que bien plus tard que des fonctions cognitives comme le langage ou la pensée symbolique sont apparues pour sceller l'immense saut qualitatif qui permettra l'émergence du cerveau de l'homme moderne avec ses capacités uniques d'abstraction. Or ces nouvelles facultés mentales nécessitent un système nerveux malléable, flexible et non plus précâblé. Certes, les acquis de nos aptitudes manuelles et intellectuelles dépendent d'une machinerie cérébrale parfaitement ordonnée et bien hiérarchisée. Toutefois, il faut en même temps que cette organisation soit en partie adaptable et reconfigurable à tout moment et à tout âge.

Cette plasticité[19] cérébrale, incontestablement éclatante chez l'enfant, ne disparaît pas chez l'adulte. Rappelons qu'il existe deux grandes périodes dans l'histoire de l'adaptabilité du cerveau. La première, nommée période critique, correspond à l'existence d'une fenêtre temporelle durant laquelle le câblage nerveux se met en place pour que le cerveau acquière les pièces indispensables à son fonctionnement puis à l'acquisition de sa forme finale. À ce moment, l'expérience sensorielle est cruciale. En montrant que le cortex visuel se développe très tôt, et de façon sensible à l'expérience visuelle du nouveau-né, les deux prix Nobel David Hubel et Torsten Wiesel ont apporté les premières preuves neurobiologiques de l'existence d'une période critique[20], même si des éthologistes comme Konrad Lorenz et Nikolaas Tinbergen l'avaient évoquée dès les années 1930.

Durant cette période particulière du développement cérébral, dont la durée varie selon la fonction concernée (la vision, la marche, le langage, les mathématiques, l'audition, etc.), le cerveau est le siège d'intenses changements qui orientent la construction de cet immense chantier. Durant une période précoce, le cerveau est passif ; ses circuits nerveux attendent d'être « nourris » par des stimulations sensorielles, ou motrices, que son environnement fournira dans un contexte affectif bien particulier. En somme, ce retard dans la construction chez l'embryon humain permet au cerveau de l'enfant de rester fortement vulnérable aux conditions du monde extérieur dans lequel il grandit. Le film de François Truffaut, *L'Enfant sauvage,* inspiré de l'histoire de Victor de l'Aveyron, témoigne des dégâts causés lorsque cette expérience tant attendue n'est pas au rendez-vous. Tiré de l'ouvrage *Mémoire et rapport sur Victor de l'Aveyron* de Jean Itard, ce film relate la capture d'un enfant sourd et muet, marchant à quatre pattes dans les forêts de l'Aveyron. Une fois fait prisonnier par les villageois, ce jeune « sauvage » a été conduit à l'Institut des sourds-muets de Paris, où il est devenu un objet de curiosité pour ses visiteurs forts nombreux. Le grand neurologue de l'époque, le professeur Pinel, considérant Victor comme un idiot irrécupérable, a même tenté de le faire enfermer à l'asile des fous de Bicêtre. C'est le docteur Itard, jeune médecin de l'Institut des sourds-muets, qui l'a sauvé de l'isolement. Il a persuadé alors Pinel de lui confier la garde de cet enfant qu'il sentait capable d'instruction. Malheureusement pour lui, Victor n'a jamais réussi à parler, même s'il a développé des facultés mentales remarquables. Cette histoire réelle illustre à quel point le cerveau humain, très inachevé à la naissance, reste vulnérable aux sollicitations de l'environnement. Autrement dit, le cerveau néoténique[21] de l'enfant est très réceptif à l'inscription du monde dans ses propres circuits, et ce, même plusieurs décennies après la naissance, à condition bien sûr qu'on sache les stimuler.

En achevant sa maturation, le cerveau du jeune adulte devient de plus en plus réfractaire aux leçons de l'expérience. L'apprentissage de choses nouvelles n'est bien sûr jamais impossible, mais il se fait plus difficile. Pourtant, certaines connexions restent suffisamment malléables pour que des règles d'apprentissage impriment leurs marques tout au long de l'existence. Cette seconde période que l'on nomme la neuroplasticité[22] adulte se caractérise par le perfectionnement de la machinerie cérébrale alors même qu'elle a déjà acquis un large répertoire de facultés sensorielles et motrices. Le cerveau postjuvénile n'est pas une ardoise vierge sur laquelle viendraient s'imprimer les apprentissages les plus divers. Cette période débute à la fin de l'enfance et ne s'achève qu'avec le décès de l'individu. Durant cette seconde phase, le cerveau n'est plus passif. Il utilise des stratégies pour déchiffrer la signification des entrées sensorielles et motrices qui stimulent ses propres circuits. En somme, il cherche à donner un sens à l'expérience vécue. Les processus d'attention, c'est-à-dire l'ouverture de tous nos sens à la réalité externe ou interne, sont corollaires à ceux de l'apprentissage. Le cerveau réalise cette opération grâce à sa faculté de mobiliser l'attention qui lui permettra d'évaluer si le but recherché d'un comportement a bien été atteint, ou si l'individu est récompensé par les conséquences de son comportement qui avait été planifié. C'est donc dans ce contexte d'attention et de désir que les réseaux nerveux du cerveau adulte peuvent se reconfigurer pour maximiser les chances qu'une situation bénéfique à l'individu puisse se reproduire maintes fois.

Nul doute que la riche diversité des personnalités, des aptitudes et des comportements humains repose pour une grande partie sur la singularité du câblage cérébral de chaque individu. Les différences neurobiologiques qui existent entre les êtres humains proviennent des caractères dont ils ont hérité, mais aussi de l'apprentissage et de l'influence du milieu. Nous verrons que les premières étapes de la construction des circuits cérébraux restent largement sous la dépendance de processus cellulaires et moléculaires génétiquement programmés. En revanche, une fois les grandes lignes du câblage cérébral mises en place, l'activité nerveuse vient graduellement en accroître la précision en ajoutant ou en retranchant sélectivement des connexions dans le cerveau en développement. Les interactions entre le monde extérieur et les activités nerveuses fournissent un mécanisme grâce auquel l'environnement peut influencer la forme et les fonctions du cerveau pour produire un individu unique, affranchi, capable de réponses adaptées, mais aussi imprévisibles.

L'étude de l'évolution du cerveau de l'homme moderne nous enseigne aussi que les êtres vivants ont évolué et continuent d'évoluer dans le sens d'un accroissement et d'une diversification des échanges d'information avec leur environnement physique ou biologique. L'organisme devient une représentation de plus en plus complète et précise de son environnement. Cette adaptation vitale du sujet à son milieu intéresse au premier chef le système nerveux, puisque seul celui-ci permet d'intégrer et de gérer les informations du monde extérieur. En d'autres termes, comprendre la genèse d'un individu considérée comme le résultat de processus cognitifs (perception, langage, mémoire, conscience, etc.), c'est chercher à appréhender comment son histoire s'inscrit dans son système nerveux pour produire un sujet unique. Nous reviendrons sur la manière avec laquelle l'expérience façonne les circuits nerveux et en retour comment ces changements modifient les facultés mentales. Au chapitre 2, nous décrirons la façon avec laquelle les réseaux neuronaux sont ébauchés chez l'embryon à partir de migrations cellulaires savamment chorégraphiées. Fait rarissime en biologie, ces processus développementaux sont capables de s'organiser (voire même de s'auto-organiser) sous la double influence des gènes et de l'environnement.

Depuis les années 1980, le développement d'outils empruntés à la génétique moléculaire a fourni un grand nombre de preuves concernant le pouvoir déterminant des gènes sur le développement et le fonctionnement normal du cerveau. Il est possible aujourd'hui d'identifier, d'activer ou de supprimer à loisir l'action d'un gène pour comprendre son influence sur le fonctionnement cérébral. Néanmoins, s'il est indéniable que les gènes restent déterminants pour la construction et le fonctionnement du cerveau, il est certain aussi que l'activité et l'expérience du sujet, et donc son apprentissage, ont le pouvoir de reconfigurer la connectique particulière du cerveau pour profondément modifier certains des comportements.

Selon ce point de vue, le cerveau est donc le produit d'une double action exercée par l'activité de nos gènes et par les modifications permanentes que lui impose l'histoire du sujet. Les premiers en déterminent le patron général et président à son précâblage. En permettant d'ajuster l'organisation précise du cerveau au gré des expériences vécues, la neuroplasticité adulte reste le gage de notre capacité d'adaptation tout autant que de notre individuation et notre liberté.

Un principe fondamental en neurosciences, et sur lequel nous reviendrons maintes fois, repose sur l'énoncé autrefois soupçonné par Descartes (parlant de « tuyaux » plutôt que de neurones) selon lequel l'« apprentissage lent » reposerait sur la sélection et le renforcement des connexions cérébrales effectuées d'abord au hasard – la *tabula rasa* – entre neurones. Ce concept a été repris par les psychologues au tournant du XXe siècle, comme Henri Piéron qui a suggéré en 1923 que « la mémoire n'est autre chose que le renforcement, la facilitation du passage de l'influx nerveux dans certaines voies ». Si ce principe ne permet pas de rendre compte du fonctionnement de la mémoire, en revanche, il éclaire les processus responsables de l'apprentissage. Quelques années plus tard, Donald Hebb envisage la possibilité de comprendre nombre de nos comportements à partir de ce même principe[23]. Son postulat, toujours d'actualité chez les neurobiologistes, repose sur deux lois fondamentales : i) tout percept est physiquement représenté dans le cerveau par l'entrée en activité d'un ensemble de neurones que l'on nomme une *assemblée cellulaire* ; ii) deux neurones qui sont activés simultanément vont finir par s'« associer » de sorte que l'entrée en activité de l'un facilitera immanquablement celle de l'autre (c'est le principe de Hebb). Selon ce postulat, la mémoire se formerait au cœur des jonctions fonctionnelles entre les neurones, c'est-à-dire au niveau de l'élément logique primaire que constitue la synapse[24]. Aujourd'hui, les modèles théoriques concernant l'activité cérébrale reprennent en les formalisant les propositions des trois psychologues suivants : William James (le frère de l'écrivain), Henri Piéron et Donald Hebb. Les scientifiques contemporains pensent que l'évolution des connexions nerveuses, avec l'âge et l'expérience, subit les mêmes règles qui contribuent à la diversité du vivant. Les deux forces majeures de l'évolution, variation d'un côté et sélection de l'autre, seraient également à l'œuvre dans la gestion du développement et du fonctionnement du système nerveux.

Ce concept fondamental en neurosciences, sorte de darwinisme neuronal comme le qualifie Gerald Edelman, postule qu'il existe au départ dans le jeune cerveau un très grand nombre de connexions, un même neurone ayant des contacts synaptiques avec des milliers d'autres neurones. Par la suite, avec l'âge et l'expérience de l'individu, seules les connexions fonctionnelles se stabilisent tandis que d'autres dégénèrent[25]. En somme, parmi tous les chemins neuronaux possibles entre deux circuits nerveux, le plus efficace est sélectionné, puis consolidé en vue d'une réutilisation ultérieure. Ce processus, que le neurobiologiste Jean-Pierre Changeux qualifie d'épigenèse par stabilisation sélective des neurones et des synapses, connaît son apogée durant la prime enfance. Dès la dix-huitième semaine de la grossesse, la plupart des dizaines de milliards de neurones, dont une fraction importante devra mourir, sont constitués et ont trouvé leur destination finale. Sous l'influence des expériences vécues par le fœtus *in utero* et durant ses premières années de vie, nombre de contacts entre les cellules nerveuses, redondants ou inutilisables, sont éliminés, tandis que d'autres sont invités à persister.

En marge de ces remaniements synaptiques, il existe aussi une réorganisation morphologique des réseaux de neurones fondée sur la production de nouveaux neurones dans certaines régions du cerveau adulte. Ces remaniements morphologiques et fonctionnels illustrent la diversité des mécanismes qui rendent le cerveau apte à acquérir de nouvelles informations à tout âge.

Le temps du cerveau rigide, quand les manuels de neurosciences évoquaient timidement les remaniements du cerveau adulte, est donc bien révolu. La fin des années 1970 et le début des années 1980 ont connu les premières preuves expérimentales de la plasticité sensorielle et motrice du cerveau adulte. À cette époque, plusieurs groupes ont exploré les conséquences d'une interruption des entrées sensorielles sur le fonctionnement cérébral. Michael Merzenich et Jon Kaas ont utilisé le redéploiement des cartes corticales comme témoin d'une faculté d'adaptation du système nerveux. En cas de privation sensorielle d'un territoire donné, ces chercheurs montrent que la région corticale concernée, privée de ses entrées sensorielles, allait chercher des entrées déjà présentes dans les structures adjacentes. Les neurosciences modernes ont depuis fait du cerveau plastique l'un des paradigmes centraux du cerveau humain. Le cerveau est appréhendé en tant qu'objet capable de modifier l'organisation de ses propres circuits nerveux en fonction des expériences vécues par le sujet. Cette aptitude parfois fort surprenante sera détaillée au chapitre 3. Entre autres, elle permet au cerveau adulte de pouvoir suppléer à ses insuffisances dans une certaine limite, pour peu que l'on trouve les moyens de stimuler ce potentiel latent. En conséquence, c'est bien la notion de période critique qui est malmenée aujourd'hui par la découverte d'une plasticité cérébrale chez l'adulte. Si nos circuits nerveux s'ouvrent progressivement vers le monde extérieur peu avant ou juste après la naissance, jamais ils ne perdront totalement cette faculté, n'en déplaise à Jean Piaget[26].

À défaut de pouvoir réellement l'expliquer, aujourd'hui la neuroplasticité du cerveau adulte se constate et se mesure. Elle investit progressivement le champ des théoriciens et celui de la clinique humaine. On voit poindre une nouvelle pharmacopée qui vise à traiter telle maladie neurologique, ou tel autre désordre psychiatrique, en ciblant précisément les mécanismes sous-jacents de la plasticité du cerveau adulte. Un antidépresseur comme la fluoxétine (Prozac et ses génériques) administré précocement après un accident vasculaire cérébral (AVC) peut améliorer la récupération fonctionnelle[27]. Un autre exemple est illustré par la récente découverte de chercheurs du MIT qui montrent qu'un supplément de magnésium ingéré accroît les capacités du cerveau adulte à créer de nouvelles connexions et être ainsi plus performant durant des tâches d'apprentissage et de mémoire[28]. Une information qui séduira certainement tous les amateurs de chocolat[29].

Cette faculté des circuits à s'adapter rend le cerveau « informable[30] », puisqu'il réagit sans cesse aux informations sensorielles et motrices reçues. Elle le rend aussi « déformable » puisque ces mêmes sensations contribuent à reconfigurer ses propres circuits préalablement bâtis. Un des exemples extrêmes de plasticité cérébrale concerne la production continue de nouveaux neurones dans un cerveau sain, ou qui a subi les dégâts irrémédiables occasionnés par un traumatisme. De nombreuses tentatives expérimentales cherchent aujourd'hui à mieux contrôler cette plasticité extrême pour permettre une récupération fonctionnelle, totale ou partielle, de personnes atteintes de désordres neurologiques. Au chapitre 3, nous ferons le point sur l'état actuel des connaissances dans ce domaine où les certitudes d'un jour sont les interrogations du lendemain.

Où en est-on aujourd'hui des promesses et autres effets d'annonce lancés par les chercheurs en quête de subventions ? Peut-on véritablement envisager de recouvrer la parole perdue après un AVC ? Quels espoirs les cellules souches apportent-elles en matière de stratégies thérapeutiques innovantes ? Enfin, quel avenir nous réservent les avancées de la médecine régénératrice ? L'ensemble de ces questions sera abordé au chapitre 4 tout en nous gardant bien de susciter des espoirs excessifs tant le chemin à parcourir reste long et incertain.

Pour comprendre la nature des processus à l'œuvre dans la reconfiguration des réseaux neuronaux du cerveau adulte, il convient d'abord de préciser comment les différentes pièces du puzzle s'articulent entre elles. Nous détaillerons les grandes lignes de l'architecture cérébrale au chapitre 2. Selon une vision évolutive, le fonctionnement du cerveau humain dépendrait de deux modules, un ensemble sous-cortical qui permet un traitement rapide, mais inconscient, alors que le second module, le cortex, traite de façon consciente, mais plus lente, les informations du milieu interne ou parvenant de l'environnement. Cette vision binaire énoncée autrefois par le neurologue anglais John Hughlings Jackson (1835-1911) repose sur l'intégration hiérarchisée des niveaux d'organisation des centres nerveux. Rappelons que les travaux de Jackson cherchaient à fournir des bases physiopathologiques à la compréhension des désordres neurologiques et psychiatriques. Selon des critères anatomo-fonctionnels de l'époque, Jackson pensait qu'il existait une hiérarchie des fonctions psychiques ; les états pathologiques se traduisant par un mouvement de perte des fonctions existantes. Cette déstructuration libérerait des instances actives sous-jacentes. Cette conception formulée dans le contexte des désordres neuropsychiatriques traduisait une vision évolutive.

Pour comprendre le cœur de cette théorie, nous passerons en revue l'aspect phylogénique des structures cérébrales de l'homme au chapitre 2. Nous verrons que le cerveau protoreptilien, la région la plus ancienne située au cœur du cerveau, correspond au complexe striatal, les ganglions de la base. Cet ensemble de circuits nerveux, que nous partageons avec le serpent et la tortue, participe aux fonctions autonomes et, à ce titre, il contrôle toutes les fonctions vitales importantes pour la survie du sujet. C'est grâce à ces circuits nerveux que l'alternance entre l'état de veille et de sommeil peut s'effectuer inconsciemment ou que notre rythme respiratoire s'adaptera lorsqu'on monte un escalier, sans même que nous en soyons conscients. Ce territoire est le plus profond de notre cerveau. Il est coiffé d'une deuxième région dite paléomammifère qui comprend le système limbique que tous les mammifères partagent entre eux. Sorte de tour de contrôle de nos affects qui organise aussi bien nos comportements fondamentaux que l'expression de nos émotions ou de nos désirs, cette région commune à tous les mammifères primitifs assure la gestion des deux grands piliers du temple de l'affect : le plaisir et la souffrance. Le système limbique est lui-même formé de la réunion de trois entités. La première est l'amygdale. Que ce centre nerveux vienne à se dérégler et l'ange le plus affable pourra se convertir en véritable *serial killer*. La deuxième subdivision est représentée par les noyaux gris centraux (dont le noyau accumbens). Ce territoire est responsable de l'impulsivité et gère toutes nos motivations. Une fois activés, ces réseaux limbiques déclenchent l'attirance, l'appétit ou la satisfaction. La troisième et dernière subdivision du cerveau paléomammifère correspond au cortex limbique du gyrus cingulaire (c'est le « grand lobe limbique » de Broca) et ses connexions avec le thalamus. Cette structure organise nombre de comportements sociaux comme ceux exprimés durant les soins parentaux par exemple.

Le cerveau limbique forme le rhinencéphale (du grec ancien *rinos* signifiant « nez » et « encéphale » signifiant « cerveau ») des mammifères macrosmatiques pour lesquels l'olfaction est une fonction déterminante pour leur survie. En somme, nous pouvons affirmer que l'émergence du cerveau paléomammifère a permis aux animaux d'acquérir des réactions affectives utiles aussi bien à la protection de l'individu qu'à la survie de l'espèce. C'est le centre des manifestations émotionnelles en relation avec la motivation alimentaire (attirance et appétence), aux instincts rapides de conservation en cas de danger qui permettent de décider de fuir ou de combattre, en quelques millisecondes après avoir perçu un danger, enfin aux instincts les plus fondamentaux de notre sexualité. Cependant, la panoplie des fonctions dépendantes du système limbique ne serait pas complète si nous ne citions pas aussi sa participation aux processus mnésiques ; une fonction qui apporte aux animaux un degré de liberté supplémentaire grâce à l'expérience acquise antérieurement et retenue. L'émergence de cette mémoire puissante permit l'apparition de conduites adaptatives d'un type nouveau que ne permettait pas la simple gestion des réflexes par le cerveau reptilien. Cette possibilité de conserver à long terme des traces mnésiques acquises dans un contexte émotionnellement intense, fait que chacun d'entre nous est capable de se remémorer exactement ce qu'il faisait lors des attaques des Tours jumelles de New York, le 11 septembre 2001.

On l'a vu, le système limbique permet de déclencher un répertoire de réactions, de pulsions affectives, de tensions et motivations élémentaires, qui sont nécessaires à la vie et la survie. Cette partie profonde du cerveau ancien facilitera l'établissement de liens comparatifs et associatifs entre les multiples informations qui atteignent ce territoire. C'est à partir de cette fonction comparative notamment que les aires associatives corticales, et que le développement corrélatif des capacités cognitives, pourront alors émerger. Dès lors, les fonctions de comparaison et d'association permettront une confrontation entre les situations extérieures au sujet et le traitement intérieur de leurs informations par les réactions affectives les plus élémentaires.

La troisième et dernière région, le néocortex, recouvre le cerveau paléomammifère. Cette acquisition récente dans l'histoire évolutive culminera avec l'espèce humaine. Durant cette évolution, on note une augmentation importante de la surface du néocortex d'un facteur mille lors du passage du macaque à l'homme. Cette région cérébrale est le siège des capacités cognitives supérieures comme le langage, la poésie ou les mathématiques. Une fois doté d'un néocortex, le cerveau pourra acquérir des sensations conscientes de nature visuelle, auditive, tactile et somatique. De nouvelles solutions aux difficultés quotidiennes seront trouvées grâce aux connexions des circuits du néocortex et à leur capacité de se remodeler en permanence. Les aires associatives qui entourent les aires principales des modalités sensorielles vont aussi se développer. Si les informations provenant du milieu extérieur par les voies sensorielles atteignent les aires de projection primaires, leur analyse (c'est-à-dire leur traitement pour aboutir à une compréhension et atteindre une valeur symbolique) sera assurée par les aires corticales associatives.

Au sein de ce vaste territoire hétérogène qu'est le néocortex, c'est le cortex préfrontal qui culminera chez *sapiens* en assurant de nouvelles fonctions propres à l'homme comme l'anticipation et la planification de l'action. Avec cette dernière innovation évolutive, des formes complexes d'apprentissage et de mémoire seront inventées. Pour assurer toutes ces fonctions, le néocortex comprend dix milliards de neurones connectés les uns aux autres. Certaines zones sont spécialisées dans des fonctions particulières comme la motricité, le toucher, la vision ou l'audition. À leur proximité s'étendent des régions moins bien délimitées qui intègrent un large répertoire d'informations, ce sont les aires d'association qui assimilent la sensation élémentaire (c'est la perception proprement dite) et l'identifient (c'est la reconnaissance ou gnosie).

À cette classification s'ajoute une autre forme de hiérarchie corticale qui distingue les parties gauche et droite du cerveau. Cette dichotomie provient du fait que les voies nerveuses croisent le plan médian de l'axe corporel sans possibilité de pouvoir répartir équitablement leurs projections de part et d'autre de ce plan de symétrie. Ainsi, les voies de la sensibilité de la moitié du corps gauche sont reçues par l'hémisphère cérébral droit et inversement. De même, la commande de la moitié du corps gauche reste sous la dépendance exclusive de l'hémisphère droit et inversement. Le langage par exemple est principalement traité dans l'hémisphère gauche ; c'est la partie dominante d'un droitier, ou la partie droite chez un gaucher. Ainsi, chez le droitier, c'est le cerveau gauche qui héberge le centre de planification du geste, la parole et les raisonnements de type mathématique, alors que le droit sera plutôt celui du sens artistique et de l'intuition. Mais gardons-nous de règles trop simplistes puisque nous savons que les deux hémisphères échangent en permanence les informations par l'intermédiaire d'une sorte d'autoroute transversale nommée *corps calleux*.

Deux neurobiologistes, Roger Sperry et Michael Gazzaniga, ont montré que les hémisphères cérébraux séparés après une intervention chirurgicale (*split brain*), pouvaient fonctionner de façon autonome. L'activité indépendante des deux hémisphères cérébraux conduit à produire des fonctions cognitives distinctes générées à partir d'informations reçues par chacune des parties du cerveau. R. Sperry a même suggéré que cette situation puisse conduire à deux états mentaux différents, deux états de conscience s'ignorant l'un l'autre, une hypothèse encore très débattue aujourd'hui. Nous reviendrons toutefois sur ce point lorsque nous traiterons des hiérarchies du néocortex au chapitre 2.

Nous avons souligné combien l'histoire évolutive du système nerveux a permis d'accroître la représentation mentale du corps et du monde nécessaire pour agir ou pour reconnaître autrui. Le cerveau n'est donc pas un organe comme les autres, c'est aussi un miroir sur lequel repose notre perception de nous-même et, plus important, simultanément celle de l'Autre. Tous nos actes, toutes nos sensations, sont en permanence évalués pour en mesurer l'intérêt individuel ou collectif (pour l'espèce). Mais le propre du cerveau humain est d'avoir développé une relation à l'Autre qui soit régie par un système de valeurs. L'immense développement de notre encéphale a favorisé non seulement l'extériorisation de notre pensée par le langage, ou la manipulation d'outils, mais aussi l'intériorisation de la pensée de l'Autre. Cela revient à conclure que l'homme est capable de vivre l'Autre à travers soi et de faire preuve de compassion. On le verra, l'amygdale est une structure clé dans ce contexte, car elle permet de lire les émotions chez autrui et de réaliser des conditionnements primaires entre des stimuli douloureux ou des renforcements. C'est à son niveau que pourront se construire les représentations, les stratégies d'action, et en même temps, la représentation du monde que construit tout individu. Les boucles d'activation du cortex préfrontal et ses régions sous-corticales permettent au cerveau de donner des valeurs morales à des objets ou des situations abstraites. Nous détaillerons comment les structures sous-corticales du rongeur, qui gèrent ses punitions et ses récompenses, ont évolué vers un dispositif plus complexe qui fait toute la richesse de l'espèce humaine capable d'édicter des règles de conduites morales, de s'émouvoir, de se passionner ou de se révolter.

Cet ouvrage s'achève sur une note volontairement optimiste. Il pose la question du statut de l'homme dans les années à venir. La découverte de la plasticité cérébrale est à l'origine de l'émergence de nouvelles technologies maintenant disponibles au grand public, grâce au programme d'entraînement cognitif, aux psychostimulants et autres molécules « intelligentes » (*smart drugs*) qui permettent d'optimiser le fonctionnement du cerveau, de le rendre meilleur ou de compenser certaines déficiences par l'implantation d'électrodes qui permettent de délivrer directement du courant dans les structures les plus profondes du cerveau. Les progrès de la médecine régénératrice montrent déjà qu'il est possible de pouvoir reconstituer de nombreux organes comme l'épiderme, les vaisseaux sanguins ou des territoires nerveux lésés. Les méthodes développées initialement dans le domaine théorique des nanotechnologies sont en voie de pénétrer aujourd'hui le monde complexe du vivant. Si toutes les régions cérébrales ne sont pas encore concernées directement par l'ingénierie tissulaire, il est probable que ces nouveaux outils permettront, dans un futur proche, de mieux diagnostiquer, mieux soigner et sans doute améliorer les fonctions cognitives de l'homme sain ou malade. Un meilleur contrôle de la plasticité cérébrale associée à des implants permet aussi d'envisager un être humain doté d'une mémoire surpuissante, d'un cerveau augmenté, d'une vision nocturne presque parfaite, ou encore un être humain capable de prendre le contrôle, à distance, d'un robot uniquement par la pensée. Cette vision d'un cerveau adulte façonnable a conduit Ray Kurzweil[31], théoricien du *transhumanisme* et de la *singularité technologique* à suggérer que le corps et l'esprit seront prochainement transcendés. Selon ses calculs, la fin de la civilisation telle que nous la connaissons se produira dans trente ans. L'homme immortel serait-il déjà en marche ?

CHAPITRE 1

Il était une forme

« Créer, c'est aussi donner une forme à son destin. »

Albert CAMUS, *Le Mythe de Sisyphe*, 1942.

Parler de créer à propos des origines de cette forme admirable, le cerveau, c'est s'exposer à cette détestation au regard des savants qu'est le créationnisme. Le seul créateur dont la présence effective sur la Terre (comme aujourd'hui dans les cieux) soit attestée, c'est justement le cerveau de l'homme, artisan génial des outils allant de la simple pierre ou du brin de bois jusqu'au langage articulé qui lui permettent d'instrumenter le monde pour le mettre à sa disposition. D'ailleurs, au lieu d'origine, nous préférons dire « commencement » dans le sens utilisé par l'apôtre Jean – au commencement était le Verbe – ou dans celui de Goethe – au commencement était l'Action – et pourquoi pas enfin au sens d'au commencement était l'Amour, qui a notre préférence. Et les rationalistes imbus de rigueur scientifique de s'indigner : il s'agirait là de spiritualisme, de théologie, pire de magie ; un enchantement du monde avec en ombre portée la présence de Dieu. Rien ne permet au scientifique d'infirmer celle-ci, pas plus que de la prouver. Le grand physicien Laplace ne répondait pas à l'empereur qui l'interrogeait : « Dieu n'existe pas », mais : « Je n'ai pas besoin de Dieu pour faire ce que je fais. » Voilà la véritable rigueur. Il faut toutefois insister sur le sens à donner à cette rigueur. Parce qu'au sein même de la communauté scientifique, un clivage règne à ce sujet. Selon leur discipline, les scientifiques ne l'envisagent pas exactement de la même manière. L'un de nous assistait récemment à la prestation d'une mathématicienne qui insistait pour qu'il y ait des mathématiques au lycée. Et de celles-ci, elle disait : « C'est magique ! » Un physicien présent a aussitôt bondi : « En science, il n'y a pas de magie. Il y a des causes. Lorsque je ne sais pas, je cherche à comprendre, je cherche des lois ! » La mathématicienne, qui évolue pourtant dans le domaine de la rationalité absolue, a insisté : « Moi, ma découverte est le produit d'un enchantement. J'enchante le monde avec mes mathématiques et je m'enchante avec mes théorèmes ! »

De la même façon, lorsque nous suggérons qu'« au commencement était l'Amour », nous faisons référence aux débuts de la vie sur la Terre, il y a plus d'un milliard d'années, sans faire intervenir la moindre trace de transcendance. La vie apparaît quand l'Amour vient à la matière et déclenche le grand jeu de reconnaissances entre molécules organiques qui se lient par affinités électives. Rien ne se crée sans énergie. La vie extrait celle-ci du monde, Terre ou Soleil, et elle s'en sert aux fins de sa propre construction. La matière vivante se nourrit de la matière vivante. Les molécules s'associent pour découvrir des formes nouvelles, les éprouvent, les adoptent ou les abandonnent sous l'emprise de la sélection naturelle. L'évolution du vivant commence alors... La forme des organismes traduit la constance et la stabilité des espèces. Cependant, étrange paradoxe, cette identité singulière s'accompagne d'un remaniement permanent qui conduit à la disparition d'espèces anciennes que de nouvelles viennent remplacer.

Ayant pour ainsi dire en tête l'étude du cerveau humain et de ses antécédents dans l'histoire évolutive du règne animal, nous aborderons dans un premier temps, les terres fertiles de l'embryologie ; il s'agira de décrire comment le cerveau a émergé à partir d'un conglomérat de cellules que l'on nomme morula[1]. Nous verrons aussi comment la génétique moderne, en révélant l'existence d'un plan de construction inscrit dans une séquence génétique particulière, a réintroduit subrepticement la notion antique de forme dans le débat scientifique. Empruntant les pas de Démocrite pour qui la *forme* désigne l'agencement des parties d'un tout[2], nous nommerons *structure* l'organisation anatomique des entités fonctionnelles du cerveau. Le lecteur sera alors invité à visiter les principales structures du cerveau humain ou des régions homologues[3] d'autres vertébrés. En découvrant l'importance de l'expression des gènes du développement[4] dans l'émergence de différentes formes et structures du système nerveux, y compris l'encéphale[5], la biologie moderne s'est emparée de cette question pour la replacer au centre des débats scientifiques contemporains.

Les généticiens nous apprennent qu'il existe des gènes qui déterminent la place relative des organes les uns par rapport aux autres. Dits « homéotiques[6] », ils sont capables d'organiser la structuration précise du corps de l'embryon de l'avant vers l'arrière. Depuis les travaux de Thomas Morgan[7], les découvertes fondamentales en génétique ont surtout été réalisées à partir des manipulations d'un insecte, la mouche du vinaigre, appelée aussi drosophile. Sans déroger à cette règle, c'est durant les années 1980 que les gènes homéotiques ont été découverts chez la drosophile. Ils sont à l'œuvre non seulement pour construire le cerveau de l'embryon, mais aussi lorsqu'il s'agit de garantir la conservation de la forme, tel un moule que l'on conserve précieusement, quelle que soit l'espèce considérée. Au cours de l'évolution des espèces, les gènes homéotiques ont ainsi été responsables de l'émergence d'entités anatomiques bien distinctes le long du corps : une tête surmontant un thorax, lui-même situé au-dessus d'un abdomen. Ces entités anatomiques sont dotées de propriétés fonctionnelles qui tiennent aussi bien à leur nature qu'à leur agencement respectif les unes par rapport aux autres dans l'organisme. Nous le détaillerons plus loin, invertébrés et vertébrés sont bâtis sur un schéma général qui respecte cet agencement spatial ordonné par l'action des gènes homéotiques.

C'est grâce à la conservation de ces gènes qu'un œuf de poule donnera invariablement un gallinacé du genre *Gallus domesticus* ou que l'ovocyte de la femme fécondé par un spermatozoïde humain produira toujours, et sans surprise, un petit humain. Aujourd'hui, les théories modernes du développement nous enseignent que les gènes homologues intervenant dans les mêmes régions du génome, chez des organismes aussi disparates que la mouche et l'homme, sont en quelque sorte des caractères topologiques invariants et donc communs à toutes les espèces – permanence de la forme avec variations.

Bien sûr, l'idée d'une invariance des structures anatomiques, d'une espèce à l'autre, n'a pas attendu l'avènement de la biologie moléculaire pour naître dans l'esprit des chercheurs. L'assertion d'une conservation de la forme rappelle les préceptes défendus jadis par Geoffroy Saint-Hilaire[8] pour qui il existait un plan unique d'organisation du vivant. Dès 1796, il a énoncé cette loi sous la forme du « principe d'unité de composition organique », selon lequel les organes, qui peuvent varier de taille ou de fonction d'une espèce à l'autre, occupent une position relative qui demeure constante des insectes aux vertébrés[9]. Cette conception révolutionnaire était considérée comme radicale à l'époque, car elle s'opposait notamment à la position centrale tenue par l'Académie des sciences et en particulier à celle de Georges Cuvier[10].

S'il est un domaine de la vie animale où la pérennité des formes est remarquable, celui des structures nerveuses qui gèrent les désirs, les passions et les différents aspects de l'affectivité, est la marque de tous les vertébrés[11]. La grande innovation introduite par ces derniers dans l'évolution des espèces n'est pas tant la vertèbre qu'une tête d'un nouveau style[12], dont il sera largement question plus loin. Celle-ci rassemble à l'avant du corps les organes sensoriels (yeux, oreilles, organes olfactifs), bien protégés par un masque osseux, pour la recherche et l'approche des proies autour d'une vaste bouche qui les saisira, les tuera et les avalera. Toutes ces formes dérivent d'une même structure embryonnaire, la crête neurale[13] constituée de cellules en devenir[14] qui, après migration dans le corps et la tête, donneront notamment les os et le tissu conjonctif de la face avec sa gueule vorace et le système nerveux sympathique qui relie le cerveau aux organes vitaux du corps.

Cette organisation de la tête les conduit à regarder le monde de l'avant et leur amène des capacités ouvertes d'investigations sur ce monde que nous pourrions qualifier de curiosité. Ces nouvelles capacités sont liées au système nerveux des vertébrés, ainsi qu'au fonctionnement de gènes du développement, irrégulier dans le temps, qui privilégie certaines parties du corps, entraînant une extraordinaire aptitude de relation au milieu. La contingence s'introduit dans la construction de l'individu. Ce grain de contingence supplémentaire s'accompagne d'un désir accru, moteur de l'ouverture du sujet sur le monde : une subjectivité agissante. Pour le dire autrement, l'animal curieux regarde le monde et l'avenir, serait-on tenté de dire. Bien sûr, il n'y a là ni finalité ni intention.

Ce destin affiché du cerveau des vertébrés nous conduit au cerveau humain. Il est temps d'ouvrir le rideau sur l'atelier du maître tailleur qui confectionne ce cerveau sur mesure.

DERRIÈRE LA DIVERSITÉ DU RÈGNE ANIMAL, UN PLAN UNIQUE

Comment ne pas être ébloui devant la fabuleuse diversité des espèces animales ? Derrière celle-ci se cache en réalité un plan de base, un patron comme en utilisent les couturiers et tailleurs avant d'introduire leurs variations. Et c'est dans le « patrimoine génétique » de chaque individu que ce patron est conservé. L'ensemble des gènes appelé *génome* est réparti sur les chromosomes au sein du noyau de la *cellule* qui est – on le sait depuis deux siècles – l'unité de base des êtres vivants.

Certains gènes ont pour fonction principale d'informer les cellules de leur migration durant l'embryogenèse, puis de préciser leur positionnement final afin de contribuer à la formation des organes (étape que l'on nomme organogenèse) dans les trois dimensions de l'espace euclidien : un axe dorso-ventral, un axe antéro-postérieur et un axe latéro-médian (ou droit-gauche[15]). Par exemple, chez la drosophile, les gènes homéotiques de la famille *Hom-C* ont comme unique fonction d'assurer la spécialisation sur l'axe antéro-postérieur des différents segments du corps de la mouche. Qu'un gène de cette famille vienne à muter et la mouche sera dotée, non plus d'une, mais de deux têtes. Chez les vertébrés, deux groupes de gènes participent à la mise en place des deux grands axes de l'embryon : il s'agit des gènes *Hox*[16] et *Pax*[17] qui définissent le positionnement cellulaire respectivement le long de l'axe antéro-postérieur et de l'axe dorso-ventral du système nerveux central[18].

L'idée relativement ancienne de plan unique d'organisation est à l'origine aujourd'hui d'un concept central en embryologie, celui de *zootype*. Ce dernier correspond aux patrons particuliers d'expression des gènes qui apportent des informations positionnelles précises et à un stade particulier du développement embryonnaire d'un *taxon*[19]. Or la biologie du développement nous apprend que tous les métazoaires[20] ont en commun une période de développement durant laquelle tous les embryons de divers phylums se ressemblent. Par exemple, en vertu de ce principe, nous passons tous par un stade embryonnaire durant lequel nous ébauchons des branchies comme nos prédécesseurs aquatiques ? Il est tout aussi surprenant de s'apercevoir que, comme les embryons de poissons, nous développons des arcs branchiaux, de façon transitoire et fugace, qui sont à l'origine, chez l'embryon humain, de l'apparition de six petits sacs de chair, appendus de chaque côté du cou et contenant chacun une excroissance cartilagineuse. Il en va de même pour la notochorde, structure éphémère que nous fabriquons avant de la désassembler pour réutiliser ses pierres de construction dans la fabrication des disques placés entre les vertèbres. Les bâtisseurs d'églises et de châteaux anciens ne procédaient pas autrement.

Le stade particulier du développement où tous les embryons finissent par se ressembler est appelé stade *phylotypique*[21]. L'existence de ce passage forcé, où tous les embryons acquièrent la même apparence, tient à la présence d'un complexe conservé de gènes homéotiques[22] qui préside à la mise en place du plan d'organisation de tous les métazoaires. Il s'agit des gènes des complexes homéotiques *Hox* qui ont été probablement parmi les facteurs les plus étudiés pour comprendre l'existence d'une filiation entre espèces.

Lorsque ces gènes subissent des mutations, des « transformations homéotiques » apparaissent, substituant alors un organe à un autre. L'exemple de la transformation d'une antenne de drosophile en patte reste probablement le cas le plus détaillé dans la littérature scientifique[23]. C'est cette propriété qui incite à considérer cette famille de gènes comme garante de l'identité d'un organisme[24]. C'est ainsi que la découverte de l'existence d'un complexe de gènes homéotiques commun aux insectes et aux mammifères a eu l'effet d'un séisme dans la communauté des biologistes qui estimaient, jusqu'aux années 1980, que ces animaux avaient des plans d'organisation différents. On sait par exemple que le système nerveux central des insectes, subdivisé en trois parties – *protocerebrum*, *deutocerebrum* et *tritocerebrum* – est positionné ventralement[25], tandis que celui des vertébrés est exclusivement placé en position dorsale[26].

Les gènes homéotiques constituent un ensemble de gènes très variés, qu'on rencontre chez tous les eucaryotes (cellules possédant un noyau), c'est-à-dire chez les animaux, les végétaux, les champignons et les protistes (eucaryotes unicellulaires). Au sein de ce vaste ensemble du vivant, seuls les gènes *Hox* proches des gènes homéotiques de la drosophile, et issus probablement d'un même gène ancestral[27], forment une famille particulière présente uniquement chez les animaux pluricellulaires.

L'analyse génétique montre clairement que les gènes homéotiques sont regroupés sous la forme d'un complexe porté par le même chromosome de la drosophile. Cependant, l'observation plus détaillée de leur position montre que leur agencement sur ce même chromosome n'est pas fortuit. Au contraire, ces gènes sont agencés selon un ordre précis dans l'espace ; la position des gènes *Hox* sur le chromosome dépend de la région du corps placée sous son contrôle. Cette règle de correspondance parfaite entre la position des différentes parties du corps et celle des gènes *Hox* associés à leurs régions cibles, est appelée *colinéarité spatiale*. Les gènes situés à l'extrémité du chromosome labial interviennent au niveau de la tête, ceux positionnés à l'autre bout du chromosome (domaine abdominal) concernent exclusivement les régions les plus postérieures de l'embryon.

La découverte de l'existence d'un parallélisme entre la carte génétique et l'axe de polarité antéro-postérieure du plan du corps a été réalisée il y a plus de trente ans par Edward Lewis[28]. Cette règle concerne tous les vertébrés et les poissons primitifs dont le fameux amphioxus[29] tant prisé par les biologistes. Ces espèces appartiennent toutes à la lignée des chordés[30] et sont séparées des arthropodes depuis plus de cinq cent cinquante millions d'années[31]. L'universalité du système génétique régulateur du développement embryonnaire montre que des mêmes fonctions génétiques peuvent être partagées au sein du vivant. Cette convergence souligne, s'il était besoin, la très probable origine unique de la *Scala naturae*.

L'analyse moléculaire des gènes *Hox* révèle une particularité inattendue pour les biologistes : certains gènes possèdent en commun une région quasi identique. Ce motif répétitif appelé « boîte homéotique » – *homeobox* en anglais – a par la suite été identifié dans tous les gènes homéotiques de la drosophile[32]. C'est grâce à l'avènement de la biologie moléculaire, il y a plus de trente ans, que la notion d'homologie a pu être étendue à la notion de structure, d'abord aux molécules, puis aux gènes. La recherche de substrats moléculaires ou génétiques présentant un caractère homologue, c'est-à-dire ayant des séquences communes et provenant de l'évolution d'une même molécule ou d'un même gène présents chez un ancêtre commun, a apporté des critères supplémentaires d'homologie. Ces traits ou critères ont permis aux zoologistes d'établir des relations nouvelles entre différentes structures, par exemple les rapports qu'entretiennent les somites avec le système nerveux central. Ces critères moléculaires ont facilité la résolution de problèmes autrefois considérés comme insolubles, comme la mise en évidence des liens entre le système nerveux des animaux à système nerveux ventral et celui des animaux à système nerveux dorsal ou encore l'émergence de l'encéphale des vertébrés à partir des vésicules (sensorielle ou cérébrale) des prochordés. Pour la première fois, grâce à la découverte des gènes homéotiques, des parentés entre structures très différentes sont devenues soudainement évidentes, comme les mâchoires des agnathes (lamproies) et les arcs aortiques des oiseaux ou des mammifères.

Pour apprécier l'importance de cette révolution en biologie, on citera les travaux qui ont permis de caractériser l'évolution de la structure du complexe *Hox* chez les métazoaires. Le complexe *Hox* ancestral des bilatériens (*Bilateria*, c'est-à-dire des métazoaires à symétrie bilatérale qui possèdent trois feuillets embryonnaires[33]) comprend huit à dix gènes capables de conférer une identité précise aux différentes régions de l'organisme selon l'axe de polarité antéro-postérieur[34]. En quelque sorte, le *zootype* ne représente qu'un ensemble d'informations génétiques qui découpe l'organisme en territoires différenciés se succédant de l'avant vers l'arrière, à la manière des wagons accrochés à une locomotive.

Denis Duboule a prolongé ce concept central de l'embryologie en suggérant que le contrôle de l'expression des gènes homéotiques puisse suivre une autre règle : celle de la *colinéarité temporelle* qui permet de procéder à la construction de l'organisme de l'avant vers l'arrière[35]. Selon cette méthode, la partie la plus antérieure du corps serait la première à se former, alors que les régions les plus postérieures s'ajouteraient progressivement les unes aux autres. Lorsque cette colinéarité temporelle n'est plus respectée, par exemple suite à une mutation, le corps de l'animal montre une substitution d'un organe à un autre, c'est l'*homéose*. Le généticien allemand R. Goldschmidt appelait ces mutants des *monstres prometteurs*[36], car ils sont susceptibles de se révéler par la suite mieux adaptés que la norme actuelle de l'espèce[37]. Dans ce cas, l'organe apparu de manière ectopique est intact ; il se prêtera à de nouvelles fonctions chez le mutant. Par leur caractère spectaculaire, deux exemples sont restés célèbres chez la drosophile : la mutation *antennapedia* qui se traduit par l'apparition des pattes à la place des antennes, et *bithorax* où le troisième segment thoracique est transformé en deuxième segment thoracique ; dans ce dernier cas, la mouche mutante possède deux paires d'ailes au lieu d'une seule.

En débutant le chantier par la partie la plus antérieure du corps, la construction de l'embryon nous rappelle aussi l'histoire évolutive (la *phylogénie*) des vertébrés qui ont émergé munis d'une nouvelle tête. Nous reviendrons plus loin sur ce point très important pour comprendre la construction d'un organe très singulier, le cerveau, dans lequel s'inscrivent les facultés psychiques de l'homme.

Rappelons que les vertébrés sont des chordés dont les plus anciens représentants connus, les *céphalochordés*[38], datent du début de l'ère primaire[39]. Leur corps est composé d'un ensemble répétitif de segments où il est impossible de distinguer le cou, le thorax, l'abdomen, le bassin et la queue. Dans ce cas, les fonctions que doivent assurer les différentes régions du corps ne peuvent être coordonnées spatialement que grâce à l'intervention d'un système de communication efficace, le système nerveux. L'identité des différents territoires du corps reste donc associée à la nature des circuits nerveux qui les innervent. Pour répondre à ce défi et permettre à chacune des régions du corps d'être innervée par un circuit nerveux particulier, il faut bâtir selon des règles harmonieuses. Ce défi n'est pas simple, si l'on tient compte du nombre d'animaux disposant d'un véritable système nerveux. Comment construire de façon invariable et concertée le corps de plus d'un million d'espèces dotées d'un système nerveux central ?

Face à la grande variété de formes et malgré la diversité des comportements que les circuits nerveux sont censés devoir gérer, une convergence anatomique et fonctionnelle révèle l'unité fondamentale de construction du vivant. Cette convergence de structures entre espèces bien différentes implique que les unités périphériques *organiques* et *sensorielles* soient mises en place de façon coordonnée avec les centres nerveux. Cette nécessité d'opérer de façon concertée, la construction de l'axe nerveux central (ou *névraxe*) et celle des entités périphériques, est à l'origine du *zootype neuronal*[40], extension du concept de zootype défini précédemment. Nous reviendrons un peu plus loin sur cette notion importante qui permet d'expliquer nombre de contraintes à respecter lorsqu'il s'agit de construire un système nerveux.

Cet aperçu de la biologie du développement souligne le rôle clé des gènes *Hox* dans l'émergence d'innovations développementales et morphologiques chez les métazoaires[41]. Hormis les spéculations assez audacieuses pour l'époque de Geoffroy Saint-Hilaire en 1822, la définition d'un animal s'est toujours restreinte au contexte fonctionnel, voire comportemental. Un poisson nage, un oiseau vole. L'animal était défini alors comme un être vivant qui pouvait se mouvoir, se nourrir et répondre aux sollicitations de son environnement. La découverte du rôle clé des gènes *Hox* a permis de comprendre comment un organisme vivant pouvait être contraint par l'expression de gènes qui gouvernent la forme de ses organes (les gènes homéotiques), plutôt que par la présence de gènes qui régulent des grandes fonctions physiologiques. Cette conception moderne où la forme prévaut sur la fonction s'inscrit en totale rupture épistémologique avec les thèses antérieures qui, à l'instar de ce qu'énonçait Cuvier, reposaient sur une classification des organismes selon des critères fonctionnels.

La structure si complexe de notre cerveau ne tient finalement qu'à une poignée de gènes homéotiques capables d'orchestrer son développement pour lui attribuer la forme si caractéristique que nous lui connaissons chez l'adulte.

Si la découverte de la fonction des gènes homéotiques dans la construction des formes doit beaucoup aux observations des mutants « monstrueux », elle s'est aussi trouvée fortuitement enrichie par l'apport de théoriciens qui se sont penchés, après les philosophes, sur la question ancienne de la genèse des formes. Ainsi a-t-on vu naître, ces dernières décennies, des théories mathématiques qui formalisent la production et la dynamique des formes du vivant. Elles ont pris différentes appellations, comme la théorie des catastrophes formulée par René Thom[42], celle des systèmes dissipatifs chère à Ilya Prigogine[43], celle des fractales de Benoît Mandelbrot[44] ou encore celle du chaos avec ses attracteurs étranges formulée par David Ruelle[45]. Ces réflexions ont permis de formaliser et de donner du sens à l'énorme corpus de données expérimentales que les biologistes accumulaient de manière éparse et dont la comparaison était rendue difficile en raison de la variété des modèles expérimentaux utilisés. Il est remarquable de constater que ces modèles théoriques ne font que souligner la conservation des caractères topologiques les plus importants du plan d'organisation commun à toutes les espèces animales. Conclusion qui rejoint les théories formulées naguère par D'Arcy Wentworth Thompson (1860-1948) dans *Forme et croissance* qui a marqué un tournant radical dans l'étude des formes du vivant (la morphogenèse) à partir d'outils empruntés aux mathématiques et à la physique[46]. Quel bel hommage rendu par les successeurs de ce brillant savant !

QUAND LE ZOOTYPE DEVIENT NEURONAL

Pour réconcilier la définition moderne du règne animal et celle fondée autrefois sur les caractéristiques comportementales des différentes espèces, deux chercheurs français, J. Deutsch et H. Le Guyader, ont avancé l'hypothèse selon laquelle le concept de zootype pouvait être étendu aux processus qui président à la mise en place du système nerveux. L'enjeu est simple, mais crucial. Les plans d'organisation qui permettent la mise en place des territoires corporels seraient réutilisés pour le développement du système nerveux. C'est à ce prix qu'une meilleure coordination des différents systèmes (immunitaire, musculaire, nerveux, etc.) embryonnaires pourrait être garantie et que le nerf se formerait selon les mêmes principes que le muscle qu'il innerve. La fonction primordiale des gènes du zootype des animaux à symétrie bilatérale serait donc de définir précisément les trajets neuronaux pour que se forment des circuits nerveux en harmonie avec les différentes régions de l'embryon.

Ce postulat repose sur l'existence d'un zootype de nature neuronale[47] qui permet, lors de la mise en place du plan du corps, d'orchestrer aussi, et de façon concertée, le développement d'un système nerveux qui vient innerver harmonieusement les différentes régions corporelles propres à l'espèce. Pour assurer cette fonction, les gènes du zootype doivent être capables non seulement de garantir la répartition spatiale des cellules de l'embryon, mais aussi de guider simultanément les terminaisons des cellules nerveuses vers leurs cibles. C'est uniquement à ce prix que nos facultés intellectuelles peuvent se développer à partir de l'orchestration précise des mouvements cellulaires de l'embryon.

Pour comprendre les règles de migration cellulaire savamment contrôlées, nous allons maintenant aborder la manière dont, à partir d'un œuf, peut émerger un organisme aussi complexe et différent que celui d'une mouche ou d'un être humain. Nous verrons que la dimension particulière du vivant tient à une double histoire, celle du sujet et celle de l'espèce. Chaque organisme possède un programme génétique, lui-même historiquement déterminé, qui préside à son développement, détermine sa forme et enfin contrôle ses fonctions[48].

LES FORMES DONT NOUS AVONS HÉRITÉ

L'émergence des neurones est l'un des événements majeurs de l'évolution des animaux pluricellulaires. Il a eu lieu dans la branche des eumétazoaires[49] : les éponges restant les seuls métazoaires dépourvus de système nerveux.

Pour comprendre comment nous avons hérité d'un système nerveux, avec sa forme et ses structures aussi précises que complexes, il faut d'abord appréhender comment l'*information positionnelle* participe à la différenciation des cellules[50]. Rappelons que l'histoire de la formation d'un individu commence avec la fécondation par le spermatozoïde de l'ovule, ce petit corpuscule d'environ un dixième de millimètre de diamètre chez l'humain. La fécondation produit une cellule que l'on appelle l'œuf grâce à deux événements majeurs du développement embryonnaire : la fusion des noyaux des gamètes permettant, d'une part, l'association du matériel génétique paternel et maternel, et, d'autre part, l'activation de l'œuf qui sortit de sa « dormance » pour produire un embryon. Cette dernière étape comprend la production de différentes assemblées cellulaires qui forment les trois feuillets embryonnaires appelés à suivre une chorégraphie bien orchestrée[51].

Le sens commun ignore tout des processus développementaux responsables de la formation d'un embryon. Il se demande par quel tour de magie la cellule ainsi fécondée peut se transformer en un organisme aussi complexe que celui d'*Homo*, constitué de milliards de cellules harmonieusement agencées dans l'espace et capables de former des organes aussi divers que le cœur, les membres, les yeux ou le cerveau. Pour le biologiste, le défi à relever n'est guère plus simple lorsqu'il s'agit de comprendre comment les divisions cellulaires produisent des milliards de cellules représentant plus de trois cent cinquante types différents, aux fonctions extrêmement variées[52]. Pour ce faire, ces cellules doivent en effet s'agencer dans l'espace suivant des instructions précises et transmises fidèlement d'une génération à l'autre, pour une même espèce.

Quel que soit l'organisme considéré, les mêmes organes dérivent toujours des mêmes feuillets embryonnaires. Immédiatement après les premières divisions cellulaires, l'ovule fécondé se transforme progressivement en un amas de cellules, la morula, caractérisé par deux feuillets cellulaires, l'un externe (ectoderme) et l'autre interne (endoderme). L'ectoderme est à l'origine du revêtement externe du corps (la peau ou l'exosquelette) et du système nerveux. L'endoderme est quant à lui responsable des tissus internes : le tube digestif et ses glandes annexes comprenant le foie et le pancréas chez les vertébrés.

Une étape importante que l'on nomme *gastrulation* est assurée par les mouvements d'invagination des feuillets à partir d'une ouverture, le *blastopore*. Chez les *protostomiens*, la formation du futur pôle antérieur (la bouche) à partir du blastopore s'effectue après celle de l'anus. Or, par une sorte de tête-à-queue, un renversement se produit au cours de l'évolution des espèces. Chez les *deutérostomiens*, groupe auquel nous appartenons, la bouche qui se forme en premier lieu oriente l'organisation du corps et définit un axe privilégié, l'axe antéro-postérieur, à partir duquel le système nerveux peut se former autour de la corde dorsale. De ce mouvement d'invagination naît un nouveau feuillet situé entre l'ectoderme et l'endoderme que l'on nomme mésoderme. Des divisions cellulaires successives permettent de former les organes qui dérivent exclusivement de l'un des trois feuillets. De façon concomitante et sous la pression de forces physiques, la prolifération cellulaire déclenche le mouvement des trois feuillets qui définissent des axes de symétrie : l'axe dorso-ventral, l'axe antéro-postérieur et l'axe latéro-médian (ou droite-gauche).

C'est à ce prix, en suivant ce ballet précisément chorégraphié et régi selon des règles topologiques précises que le cerveau de l'embryon humain peut prendre forme. Ces mouvements cellulaires empruntent des chemins bien balisés, identiques d'un organisme à un autre, pour une même espèce. Le résultat est la formation d'un embryon conforme au plan d'organisation de l'espèce à laquelle il appartient[53]. Ce plan contenu dans l'œuf s'est affranchi des influences externes à l'œuf selon une mémoire de l'espèce transmise avec une remarquable stabilité d'une génération à l'autre.

Les animaux qui partagent la même logique organisationnelle, les mêmes plans constituent ensemble un *phylum*[54]. Dans *De l'origine des espèces,* Darwin considérait déjà la ressemblance des embryons appartenant à des espèces différentes comme un argument important en faveur de sa théorie sur l'évolution des espèces. Pour que des animaux d'espèces différentes puissent se ressembler à l'état embryonnaire, ils devaient forcément partager un ancêtre commun, sorte de cousin lointain dont tout le monde parle au sein d'une famille, mais que personne n'a réellement connu. C'est cette thèse qu'a défendue un de ses plus fervents admirateurs, Ernst Haeckel, qui a bousculé un peu plus tard les idées du maître en formulant sa théorie sur la *récapitulation*. Celle-ci peut se résumer à l'assertion devenue célèbre : « L'ontogenèse récapitule la phylogenèse », autrement dit le développement d'un individu repasse par tous les stades de développement qu'ont suivis les espèces du même phylum. Les différentes étapes embryonnaires reproduiraient, de façon accélérée, mais fiable, toutes les formes semblables à celles qu'ont les adultes des espèces à l'origine du groupe auquel il appartient[55]. Suivant l'avènement des théories avancées par Darwin, puis Haeckel, le concept ancien d'un plan unique (un patron) d'organisation pouvait enfin renaître.

Cette mémoire de l'origine de l'ancêtre commun serait en quelque sorte conservée par les mécanismes mystérieux de l'hérédité. Les données moléculaires récentes ont permis de réactualiser cette hypothèse en établissant un lien fort entre la biologie du développement, d'une part, et les sciences de l'évolution, d'autre part. Connue sous le vocable « évo-dévo[56] » par ses adeptes, cette discipline nouvelle de la biologie cherche à mieux comprendre les relations qui lient les processus développementaux à ceux de l'évolution. En d'autres termes, cette démarche ontogénétique consiste à mettre en œuvre une génétique évolutive du développement. Les innovations qui accompagnent sans cesse l'évolution des espèces peuvent être étudiées et caractérisées grâce aux outils et aux concepts empruntés à l'embryologie moléculaire. Cette discipline émergente doit à Haeckel d'avoir découvert l'importance de l'évolution des espèces dans la manière de construire un embryon. Selon cette approche, tous les vertébrés ont en commun un même plan du corps, de l'avant vers l'arrière – une tête, un tronc et une queue –, puis de dessus au-dessous – une colonne vertébrale et un ventre. Remarquons aussi que pour être exhaustif, il ne faut pas négliger les contraintes imposées par le milieu dans lequel évolue le sujet, ce qui conduit aujourd'hui les spécialistes à proposer une nouvelle forme de démarche que l'on pourrait qualifier d'« éco-évo-dévo ».

Nous avons déjà souligné l'origine exclusive du système nerveux à partir du feuillet le plus externe de l'embryon : l'ectoderme[57]. Toutefois, il est aussi à l'origine de la formation de l'épiderme (la peau), de certaines glandes, des phanères, des cellules sensorielles comme celles qui permettent le toucher, de celles de la rétine, de l'œil, des cellules réceptrices de l'audition, de la douleur, de l'odorat et même de celles du goût. Seule une fraction de la partie dorsale de cet ectoderme fournit le tissu nécessaire pour construire le système nerveux central (le cerveau et la moelle épinière) et le système nerveux périphérique (les ganglions et les nerfs dispersés tout le long du corps). Nous invitons maintenant le lecteur à découvrir la manière dont cet ectoderme procure de façon stéréotypée toutes les cellules du système nerveux central et périphérique. Pour ce faire, nous devrons découvrir les règles qui président à l'agencement topographique des différentes structures embryonnaires. Mais chut ! Voici qu'entre le *maestro.*

LE CHEF D'ORCHESTRE

Nous avons décrit comment le plan d'organisation d'un individu est inscrit dans le matériel génétique constitué de molécules d'acide désoxyribonucléique (ADN), présentes dans tous les noyaux de nos cellules. Ce patrimoine est hérité des gamètes de chacun des deux parents qui fusionnent pour former une seule cellule œuf. Cet ADN, dépositaire du « code » de l'espèce et de l'individu, dicte le comportement des cellules issues de l'œuf selon un ensemble d'instructions qu'il convient de nommer *génotype*. Cette information permet la construction progressive du cerveau, depuis l'apparition de l'ébauche tissulaire qui donne le système nerveux aux premiers stades du développement embryonnaire jusqu'à la pleine maturité adulte. Ce programme génétique repose sur une suite d'instructions dont les exécutants sont d'abord les constituants du cytoplasme de l'œuf, puis des cellules qui en dérivent, ainsi que l'ADN contenu dans leur noyau.

Au cours de l'évolution des espèces, le génotype est aussi le garant de la mise en place progressive de diverses structures cérébrales au fur et à mesure que les régions nerveuses deviennent anatomiquement plus complexes, et qu'elles régissent des comportements plus variés. Ainsi, la logique d'ensemble du système nerveux des primates, l'homme y compris, se dégage plus facilement lorsqu'on appréhende le système nerveux non sous l'angle de la neurophysiologie, mais plutôt par sa dynamique évolutive. Pour paraphraser l'adage de Theodosius Dobzhansky, « rien en biologie n'a de sens, si ce n'est à la lumière de l'évolution ». Selon cette maxime qui s'applique aussi aux sciences du cerveau, nous pouvons conclure que l'acquisition de nouvelles fonctions nerveuses, pour une espèce donnée, se traduit par l'addition d'une aptitude nouvelle de traitement ou d'une capacité d'adaptation au milieu que le dispositif ancien (appelé *primaire* par les évolutionnistes) ne pouvait assurer. L'aphorisme de Darwin : « Toute construction vraie est généalogique » prend alors tout son sens lorsqu'il s'agit de traiter de l'histoire du système nerveux des vertébrés.

HISTOIRE GÉNÉRALE DE L'EMBRYON

Les deux chercheurs allemands Hans Spermann et son élève Hilde Mangold ont contribué de façon significative à définir les étapes initiales par lesquelles les premières cellules nerveuses apparaissent chez l'embryon. En 1924, selon une méthode expérimentale révolutionnaire pour l'époque, ces embryologistes montrent qu'une région restreinte de la blastula du triton, la lèvre dorsale du blastopore, est l'unique territoire doué d'une capacité de se différencier de façon autonome. Seule cette région de la jeune gastrula serait responsable de la formation des territoires majeurs de l'embryon. Elle se présente sous la forme d'une courte fente à la surface des embryons d'amphibiens située à l'endroit même où le mésoderme et l'endoderme pénètrent à l'intérieur de l'embryon lors des premiers mouvements des feuillets durant la gastrulation. Cette région a été identifiée sans ambiguïté grâce à la mise au point d'expériences de transplantations d'un fragment d'un embryon donneur à un autre embryon hôte. Cette expérience la plus célèbre de toute l'histoire de l'embryologie expérimentale vaudra à Spermann de recevoir le prix Nobel de physiologie et médecine en 1935.

Les travaux de Spermann et Mangold ne se limitent pas à cette simple observation. Ils ont par exemple montré comment les transplantations de territoires prélevés sur la jeune gastrula, puis greffés en position dorsale prenaient part à la formation de la plaque neurale. En revanche, le greffon déposé en position ventrale formait plutôt l'épiderme. On peut conclure de ces expériences que les territoires sont capables d'une différenciation autonome insensible à l'influence de leur nouveau contexte. Lorsque les mêmes chercheurs transplantent la lèvre dorsale du blastopore, prélevée sur une jeune gastrula et réintroduite en position ventrale (greffe *hétérotopique*) sur un embryon hôte ayant atteint le même stade de développement (greffe *homochronique*), le greffon aboutit à la formation d'un axe embryonnaire secondaire composé en partie du tissu greffé mais, pour une part majeure, des tissus de l'hôte. En quelque sorte, les tissus ventraux de l'embryon receveur sont capables de se transformer, d'une part, en ectoderme pour former la plaque neurale et, d'autre part, en mésoderme qui produira les somites, ébauches des muscles et des vertèbres[58]. Pour rendre compte de ses résultats plutôt inattendus, Spermann comparait la région greffée à un véritable « centre organisateur[59] », une sorte de directeur capable d'imposer sa partition aux cellules voisines. Ainsi est née la notion d'*instruction neurale* pour traduire la possibilité de former du tissu nerveux grâce à l'interaction de la lèvre dorsale du blastopore avec l'ectoderme voisin. Cette découverte a changé radicalement la manière dont les scientifiques imaginaient la formation du système nerveux chez l'embryon.

Cette démarche empirique est à l'origine de l'avènement de l'embryologie expérimentale[60] et a aussi permis la généralisation du concept de centre organisateur à la plupart des classes de vertébrés, c'est-à-dire aux poissons, aux reptiles, aux oiseaux et à tous les mammifères. À la suite de ces travaux pionniers, les nombreuses expériences de transplantation de territoires embryonnaires dans des régions ectopiques chez l'hôte ont révélé les deux fonctions principales que l'organisateur doit assurer dans tous les cas. D'une part, il s'agit d'envoyer au mésoderme des signaux qui, sous l'effet d'un gradient chimique, sont responsables d'une polarité dorsoventrale[61]. D'autre part, le centre organisateur force l'ectoderme à acquérir un destin nerveux. Nous allons détailler la nature des signaux requis pour assurer ces deux fonctions.

SIGNAUX ET MÉCANISMES

Comme le souligne fort justement Nicole Le Douarin dans *Des chimères, des clones et des gènes,* jusqu'aux années 1930, on ignorait encore tout de la nature des signaux émis par l'organisateur. L'induction était-elle déclenchée par des forces physiques produites par des mouvements cellulaires ? On ne le savait pas. D'autres recherchaient la cause plutôt dans la sécrétion probable de molécules inconnues. Les expériences entreprises par Spermann ont montré que si l'inducteur subissait un traitement aussi radical que la chaleur, la congélation ou encore l'alcool, celui-ci perdait ses pouvoirs transformants. La preuve était donc faite que le processus d'induction neurale dépendait de la présence de matière chimique que les divers traitements venaient de dénaturer.

Il a fallu attendre la fin de la Seconde Guerre mondiale pour que des travaux sur le développement de l'embryon apportent la preuve irréfutable que l'induction exercée par l'organisateur nécessite l'intervention de deux facteurs clés. L'un peut provoquer l'apparition des structures essentiellement nerveuses (le cerveau et la moelle épinière) et l'autre la formation des tissus mésodermiques responsables de la genèse des muscles, du cœur, des reins et des cartilages. Ces deux substances chimiques, que l'on qualifie aujourd'hui de facteurs morphogènes, exercent un pouvoir « neutralisant » ou « mésodermisant » selon leurs quantités respectives dans l'embryon. Ces facteurs sont restés longtemps inconnus jusqu'à l'avènement de la biologie moléculaire dans les années 1980. Celle-ci a permis d'accéder aux outils et aux matériaux nécessaires pour comprendre les lois qui permettent de construire un organisme vivant.

Selon la méthode des architectes gothiques d'autrefois, plutôt que de bâtir une nouvelle église sur un emplacement original, celle-ci s'élève le plus souvent sur les ruines d'une église romane. Ainsi va la marche de l'évolution des espèces. Par à-coups et ajustements successifs, à partir de structures préexistantes, de nouvelles fonctions apparaissent. La théorie des équilibres ponctués proposée par deux paléontologues, Stephen Jay Gould et Niles Eldredge, nous rappelle que l'évolution comprend de longues périodes d'équilibre stable, soudainement ponctuées par de brèves périodes de bouleversements importants. Or, plus ces changements sont réalisés précocement dans l'arbre du vivant, plus les conséquences apportées sont spectaculaires. Cette règle a des implications remarquables en paléontologie. Plus loin nous pouvons observer rétrospectivement le développement d'un organisme, plus nombreuses sont les similitudes que nous pouvons apercevoir sur nos ancêtres primitifs. Des évolutions adaptatives postérieures à notre passé aquatique, par exemple, ont amené celles-ci à se relocaliser dans notre mâchoire et dans de minuscules osselets de notre oreille interne durant les stades précoces du développement de l'embryon. Voyons maintenant comment notre cerveau s'est construit sur ces ruines anciennes.

LA NOUVELLE TÊTE

L'émergence du groupe des vertébrés, à partir des invertébrés, s'est traduite par l'acquisition d'une propriété fondamentale qui a façonné le plan d'organisation de tous les animaux qui en ont hérité. Il ne s'agit pas ici de l'évolution des cartilages et des os qui se transforment progressivement en vertèbres comme le bon sens pourrait l'indiquer[62]. Le passage des invertébrés aux vertébrés implique bien plus que la simple émergence d'une colonne vertébrale[63]. C'est d'abord un choix de mode de vie. Les vertébrés se dotent de la capacité à se mouvoir aisément, d'explorer le monde dans lequel ils évoluent et s'y comportent comme des prédateurs. Par essence, cette liberté qui se traduit par la capacité à se déplacer, définit un axe de direction marqué par deux sens possibles de locomotion : aller de l'avant ou vers l'arrière. C'est l'existence de cet axe qui définit la polarité antéro-postérieure du système nerveux. Par le truchement de quelques mutations et duplications de certains gènes clés, des structures nerveuses apparaissent simultanément le long de cet axe. Des familles et des réseaux entiers de gènes sont ainsi « recyclés » pour construire de nouvelles parties du corps associées à de nouveaux systèmes.

Cette réorganisation du tissu nerveux a permis de rassembler tous les centres importants vers l'avant de l'animal pour former une tête. Les organes sensoriels et les centres de décision ainsi regroupés peuvent alors être sollicités par les déplacements de l'organisme dans son milieu. Plutôt que de chercher à saisir les aliments autour de lui, à la manière d'un amphioxus[64] enfoui dans le sable et condamné à ne se nourrir que de particules flottantes autour de lui, le vertébré peut se mettre activement en quête de nourriture, tel un chasseur cherchant sa proie. Pour ce faire, des organes sensoriels se sophistiquent, ce qui permet de mieux voir, sentir, entendre, toucher et goûter le festin. Cette diversité de fonctions se traduit par l'émergence de structures sensorielles formées en paires et symétriquement réparties de part et d'autre d'un plan médian. Cette disposition symétrique augmente la précision de la perception (vision en trois dimensions, possibilité d'écholocalisation, etc.). Pour rendre les centres nerveux sensoriels et moteurs plus efficaces, ils sont placés à proximité de la gueule où ils peuvent déclencher rapidement le mouvement de mâchoires.

Mobilité et sensorialité sont donc les deux attributs qui ont permis, à partir d'un ancêtre commun proche de l'amphioxus actuel, l'apparition d'une nouvelle tête nécessaire à la prédation. Il semble que celle-ci ait évolué à partir de l'extrémité antérieure de l'ancêtre prochordé pour diversifier et enrichir le régime alimentaire. On sait ce qui est advenu ensuite. L'épanouissement maximal vers l'avant de cet encéphale a été atteint chez les primates, avec la belle tête et sa « face à l'image de Dieu » dont nos congénères s'enorgueillissent.

Chez les invertébrés, les centres nerveux commandant la motricité ou la perception sensorielle sont répartis tout au long de la chaîne nerveuse sur laquelle sont égrainés des ganglions, telles les perles d'un chapelet. Ces animaux sont peu mobiles, peu actifs et leur corps est beaucoup moins volumineux que celui des vertébrés[65]. Quasi immobiles, ils se satisfont de particules organiques qu'ils ingèrent en filtrant leur milieu aquatique. Pour ce faire, un système nerveux équitablement distribué dans l'organisme suffit à gérer ces comportements simples et souvent stéréotypés. C'est le cas par exemple chez le *cnidaire*, animal marin au corps transparent et mou, d'apparence gélatineuse, que l'on nomme aussi méduse, tant redoutée par les vacanciers avides de bains de mer durant la période estivale. La méduse se maintient en flottaison ou se déplace grâce aux battements réguliers de son ombrelle. Son système nerveux se réduit à la simple expression d'une chaîne de ganglions nerveux située sur le pourtour de l'ombrelle et dont l'activité principale consiste à assurer les battements rythmiques de celle-ci. Cependant, les cellules nerveuses formant les ganglions reçoivent aussi des informations sensorielles provenant de capteurs tactiles, nichés dans l'ombrelle, qui peuvent réorienter les contractions des tentacules afin que l'animal puisse se saisir d'une proie ou échapper lui-même à un danger imminent. Grâce à ce système nerveux simple et diffus, il ne s'agit plus déjà d'assurer uniquement la locomotion, mais de déclencher des mouvements orientés vers un dessein, qu'il s'agisse d'une proie ou d'éviter un prédateur attiré par l'exquis repas que représente une méduse. Ce répertoire des stratégies comportementales est néanmoins peu varié. Il restait en effet encore à l'évolution à oser quelques inventions décisives.

Dès les premiers vertébrés que l'on nomme agnathes, poissons sans mâchoire[66] munis d'une sorte d'armure osseuse appelée exosquelette, l'exploration plus complexe de l'environnement devient possible. Ces aventuriers se sont mis en marche pour explorer leur milieu tels des guerriers à la poursuite de leurs ennemis. Or cette quête n'aurait pas été possible sans le regroupement du système nerveux vers la partie la plus avancée de l'animal, pour des raisons simples d'efficacité et de gain de temps. En effet, cette véritable « encéphalisation » permet à l'information sensorielle de déclencher rapidement une commande motrice de combat ou de fuite. Ainsi donc, la nécessité d'améliorer les performances du chasseur a transformé les capteurs sensoriels primitifs en véritables organes sensoriels sophistiqués. Si la vue, l'ouïe et le toucher étaient particulièrement privilégiés, c'est l'odorat qui a pris un statut tout particulier. Absente chez l'amphioxus, l'olfaction s'est développée à partir des régions les plus antérieures de la crête neurale pour permettre à ce prédateur de retrouver aisément les traces olfactives déposées par sa proie. Preuve aujourd'hui de l'importance primitive de l'olfaction : c'est la quasi-totalité du système nerveux antérieur des poissons qui est utilisée pour le traitement de l'information olfactive.

Quelle est la structure embryonnaire clé qui a permis le développement de l'embryon et l'évolution de la tête ? C'est la *crête neurale*. Apparue dans le phylum des chordés[67], c'est une structure embryonnaire transitoire des vertébrés. Selon le principe de l'évolution des gènes homéotiques déjà décrit, ce n'est qu'après duplication de la famille du complexe des gènes *Hox* que la crête neurale a émergé et que les vertébrés se sont dotés d'une véritable tête. La crête neurale a ouvert la voie à l'invention du cerveau moderne. En autorisant la formation du télencéphale[68], conjuguée à l'action trophique des méninges, et la constitution de la boîte crânienne qui assure une bonne protection de l'encéphale, la crête neurale a joué un rôle clé dans les innovations évolutives des vertébrés et l'explosion de leur diversité.

Parce que les cellules de la crête neurale sont pluripotentes (c'est-à-dire que si les conditions du milieu s'y prêtent, une cellule indifférenciée pourra théoriquement fournir tous les types cellulaires produits par la crête neurale), elles peuvent donner naissance à de nombreux tissus et organes différents. C'est elle qui fournit ainsi les cellules nécessaires aux os de la face et de la boîte crânienne[69], aux systèmes sensoriels, à certains composants des vaisseaux sanguins (les méninges qui assurent la vascularisation et la protection du système nerveux et la paroi des vaisseaux), aux glandes (thyroïde, glomus carotidien et glande surrénale), au système nerveux central composé de cinq renflements (que l'on nomme vésicules embryonnaires) et au système nerveux périphérique.

On l'aura compris, la morphogenèse du cerveau est étroitement associée à celle de la face des vertébrés. Ce nouveau dispositif offre une ouverture considérable au monde dans lequel on peut non seulement se mouvoir, mais aussi se sentir, entendre et percevoir de face. L'émergence des os de la face donnera à ce prototype de vertébrés une grande gueule prête à ingérer la première proie qui se présentera face à lui. Vous l'aurez reconnu, ce prédateur qui n'aspire plus ses proies, mais préfère les dévorer, c'est notre ancêtre !

Les données paléontologiques, combinées aux analyses morphologiques comparées des vertébrés actuels, montrent que la région antérieure du cerveau issue du proencéphale[70] s'est considérablement développée durant l'évolution. Chez les vertébrés, le rapport du volume du cerveau antérieur, dérivé du télencéphale tout entier, indique une valeur sans cesse croissante des poissons aux mammifères, en passant par les amphibiens, les reptiles et les oiseaux. Cette expansion n'aurait pas été possible sans la capacité de prolifération accrue des précurseurs neuronaux situés vers les parties antérieures de la crête neurale, et surtout leur aptitude à pouvoir se déplacer dans les territoires embryonnaires, une fois la prolifération achevée.

DES MIGRANTS SUR LES ROUTES

Durant l'embryogenèse, les cellules nerveuses dérivées de la crête neurale se mettent en place après avoir quitté leur lieu d'origine. Nous rappelons ici que tous les animaux à symétrie bilatérale possèdent deux types de cellules nerveuses : les neurones et les cellules gliales[71]. Les premiers conduisent l'influx nerveux vers les muscles, les glandes, les organes sensoriels et autres neurones. En garantissant la formation d'une gaine de myéline, les secondes jouent néanmoins un rôle important, celui de maintenir élevée la vitesse de conduction de l'influx nerveux.

Au cours de l'embryogenèse, neurones et cellules gliales dérivent d'un même type cellulaire, les *neuroblastes*. À partir de l'ectoderme, ces derniers sont appelés à migrer depuis la crête sur des longues distances. La tâche n'est pas simple si l'on tient compte du fait que le cerveau humain comprend des dizaines de milliards de neurones (de 10^{11} à 10^{12}), répartis localement en circuits.

Des molécules produites par l'environnement cellulaire et présentes tout au long du trajet migratoire, permettent aux neuroblastes de proliférer, de migrer et de survivre. L'ensemble des mouvements des cellules de crêtes s'effectue selon une chorégraphie[72] qui débute, on l'a vu, vers l'avant pour s'achever à l'arrière, c'est-à-dire à partir de l'ébauche du cerveau jusqu'aux régions caudales. Or cet essaimage à travers l'embryon ne s'effectue pas au hasard. Il s'opère en suivant des trajets bien balisés en dehors desquels aucun migrant n'est autorisé à s'aventurer. Cette migration est contrôlée par les gènes homéotiques de type *Hox*. Parfois, les voyageurs sont invités à s'arrêter pour former un conglomérat de cellules qui deviendra plus tard un ganglion du système nerveux périphérique. D'autres poursuivent leur chemin, enfouis sous la peau, pour atteindre les extrémités des doigts et leur apporter ainsi une sensibilité tactile. Enfin, d'autres encore sont incités à migrer en direction de la surface de l'épiderme où ils se transformeront en cellules pigmentaires, les mélanocytes, responsables de la pigmentation de la peau et des plumes chez les oiseaux, des écailles chez les reptiles ou encore des poils chez les mammifères.

Répondant aux signaux rencontrés par les neuroblastes durant leur voyage migratoire, certains d'entre eux émettent des extensions nommées neurites avant de se transformer en véritable neurone. De ces multiples neurites, un seul sera le pôle émetteur du neurone (c'est l'axone) par lequel l'impulsion électrique pourra être émise, tandis que les autres constitueront le pôle récepteur (les dendrites) du neurone. Fait notable, la croissance de l'axone ne s'effectue pas à partir du corps cellulaire, mais plutôt par son extrémité distale, le « cône de croissance ». Sous l'action des gènes homéotiques, ce cône tire en quelque sorte l'axone vers l'avant, dans la direction de sa croissance. Si la cible attendue n'est pas atteinte, ou bien si cette cible n'est pas active, ce même neurone se détruira. La construction du système nerveux est ainsi jonchée de cadavres cellulaires. Cette faculté de se développer ou de mourir, selon l'état de la cible, démontre combien la dictature des gènes « sélecteurs[73] » est limitée par l'action de l'environnement pour faire place aux mécanismes dits épigénétiques[74] sur lesquels nous reviendrons plus en détail. Comme exemple d'épigenèse, on peut citer le cas de la nature du neurotransmetteur produit par les neurones sympathiques. Ces derniers issus des neuroblastes de la crête neurale n'ont pas un destin scellé par les gènes, mais dépendent plutôt de l'environnement proche de la cellule nerveuse. On peut vérifier aisément cette propriété en isolant les neurones sympathiques dans une boîte de culture. En extirpant des cellules de la chaîne sympathique située à la base du cou, il est possible de montrer que les neuroblastes poursuivent naturellement leur programme de différenciation en neurones adrénergiques, si les cellules sont isolées. En revanche, cette différenciation s'oriente vers un destin différent, cholinergique, si les mêmes cellules nerveuses sont cultivées en présence de cellules gliales, de cardiomyocytes ou de cellules du muscle squelettique. Ces expériences témoignent de la grande versatilité des précurseurs neuronaux, aptes à changer leur destin et prompts à modifier leur contenu chimique sous l'influence de l'environnement.

L'ensemble de ces caractéristiques montre l'importance des interactions entre les cellules de la crête neurale et l'environnement qu'elles rencontrent durant leur migration pour fixer leur devenir. Les précurseurs du système nerveux se révèlent être extrêmement malléables. Indépendamment du niveau de leur origine le long du névraxe, ces précurseurs sont capables de répondre aux signaux chimiques émis par les tissus embryonnaires pour se différencier en ganglions, plexus ou cellules endocrines, selon leur positionnement dans l'embryon. En embryologie aussi, rien n'est écrit à l'avance.

COMMENT BÂTIR UN VERTÉBRÉ

Les trois feuillets embryonnaires (l'ectoderme, le mésoderme et l'endoderme) sont en place très tôt durant les premières phases du développement de l'embryon.

Ensuite, les organes sont produits durant les dernières étapes de l'embryogenèse. L'organogenèse – la construction des organes – dépend étroitement de fonctions cellulaires très variées comprenant la prolifération, la migration, la différenciation et la mort cellulaire programmée[75].

Toutes ces fonctions sont assurées grâce à l'intervention de protéines à l'intérieur de la cellule ou sur sa membrane, ou enfin excrétées dans l'espace entre cellules, ce qu'on nomme la matrice extra-cellulaire, qui offre un support aux cellules épithéliales composant la membrane basale[76]. Les gènes qui permettent l'expression de ces protéines clés sont dits « architectes ». Ils sont à l'œuvre durant les phases finales de l'embryogenèse et permettent l'agencement des différentes régions du corps. Parce que leurs fonctions sont vitales, l'activité des gènes « architectes » est finement régulée pour que les organes soient parfaitement situés, et leurs contours dessinés avec la plus grande précision. À cet effet, d'autres gènes ont pour mission d'accélérer ou de supprimer l'activité des gènes « architectes ». À la manière des régulateurs définis au sens très large par François Jacob et Jacques Monod, ces gènes que l'on nomme *sélecteurs* agissent dans les cellules appropriées au bon moment et surtout de façon coordonnée les uns avec les autres, pour imprimer leur identité aux différentes régions du corps.

L'existence d'un zootype neuronal implique que l'action des gènes sélecteurs, des gènes « architectes » et des gènes à homéodomaine soit coordonnée dans le temps et dans l'espace. De cette façon, on entrevoit que la fonction principale des gènes *Hox* n'est pas uniquement de s'occuper de bâtir le gros œuvre, qu'il soit cuticulaire (et externe) ou osseux (et interne), mais ils doivent aussi assurer la mise en place d'un système de communication qui permettra de relier les différentes régions de l'embryon entre elles. Cette fonction de communication sera garantie par la mise en place du système vasculaire et nerveux. De telle sorte qu'un muscle d'une partie précise du corps sera étiqueté, sans ambiguïté, sous l'action des gènes *Hox*. Cette marque, cette étiquette, facilitera ultérieurement son identification par la terminaison d'un nerf qui, cherchant à le contacter[77], n'aura plus qu'à « lire » l'instruction laissée par le gène *Hox* pour établir de façon durable une liaison étroite avec sa cible.

Chez les vertébrés, l'embryon se construit progressivement, les régions antérieures étant formées toujours les premières, avant que de véritables segments du corps, les somites, éléments pairs du mésoderme, puissent être ajoutés successivement, d'avant en arrière, au fur et à mesure que l'embryon s'allonge. Ces somites donneront naissance aux vertèbres et aux muscles innervés par les nerfs rachidiens. De façon concomitante, les gènes *Hox* s'expriment progressivement au fur et à mesure que sont ajoutés des somites, à la fois dans le tube neural et dans les somites. Ce n'est donc pas une surprise de constater que les gènes *Hox* antérieurs sont les premiers bâtisseurs.

Chez l'embryon, la partie la plus antérieure du système nerveux des vertébrés comprend trois vésicules qui sont, de l'arrière vers l'avant : le *rhombencéphale* ou cerveau postérieur, le *mésencéphale* ou cerveau intermédiaire et enfin le *prosencéphale* ou cerveau antérieur. Chez les mammifères, de nouvelles subdivisions du prosencéphale ont fait apparaître trois segmentations : la *vésicule optique* dont ont dérivé la rétine et le nerf optique, le *diencéphale* qui s'est scindé en thalamus dorsal et hypothalamus, et le *télencéphale* qui s'est fractionné pour donner naissance au bulbe olfactif, au cortex cérébral, au télencéphale basal et à des ensembles de fibres formant la substance blanche, la capsule interne et le corps calleux. Ce dernier, constitué de filets nerveux, joue un rôle crucial pour le fonctionnement cérébral dans la mesure où il assure la communication entre les deux hémisphères droit et gauche du cerveau. Nous reviendrons au chapitre 4 sur les pathologies qui guettent le sujet lorsque ces fibres nerveuses reliant les deux hémisphères cérébraux, sont lésées.

Au-delà de l'organisation en trois vésicules primitives, une organisation segmentaire est visible dès le début de la quatrième semaine et jusqu'à la fin de la cinquième de l'embryon humain. Il s'agit de renflements transitoires et étroits appelés les neuromères. À la cinquième semaine, on distingue un neuromère télencéphalique, quatre neuromères diencéphaliques, deux neuromères mésencéphaliques et huit neuromères rhombencéphaliques. Le rhombencéphale est constitué de la juxtaposition d'unités répétitives que l'on nomme rhombomères. Chacune de ces unités possède son propre centre nerveux manifesté par l'agglomération de corps cellulaires des neurones et dont les axones convergent pour former les grands nerfs crâniens. Ainsi, les nerfs facial (VII) et acoustique (VIII) sont issus de corps cellulaires situés dans les rhombomères r4 et r5 respectivement.

Des mutations chez la souris montrent que les trajets des fibres nerveuses issues du rhombencéphale restent sous l'étroit contrôle des gènes *Hox*[78]. Fait encore plus remarquable, ces travaux montrent que l'homéose touchant un territoire peut affecter certains autres trajets nerveux situés dans des territoires voisins. Pour interpréter ces résultats non conformes à la théorie, Alain Prochiantz et son équipe du Collège de France ont apporté la preuve qu'une protéine à homéodomaine (Otx2), produite dans la rétine, était capable de traverser plusieurs relais synaptiques, avec une très grande sélectivité, pour pénétrer dans certaines cellules nerveuses (les interneurones du cortex visuel) et atteindre leur noyau, lieu où ces protéines exercent leur pouvoir[79]. En démontrant qu'une homéoprotéine peut se comporter comme une protéine messagère, capable d'agir à distance pour exercer une action morphogénétique, un pan nouveau de la biologie du développement vient de s'ouvrir. Nous avons décrit précédemment à quel point les homéoprotéines sont des molécules extrêmement conservées à travers les espèces et quel rôle majeur elles jouent au cours du développement. Cette découverte récente montre que ces protéines messagères, produites également tout au long de la vie d'un sujet, pourraient être exploitées pour favoriser la réparation de certaines fonctions nerveuses altérées.

Au total, nous venons de voir comment se construit chez chaque individu cette forme admirable qu'est le cerveau, depuis le stade embryonnaire, jusqu'à l'âge adulte. Au plus fort du développement cérébral, c'est-à-dire au stade de 10 à 16 semaines après la conception, il se crée près de deux cent cinquante mille neurones toutes les minutes pour atteindre, à la naissance, les vingt à trente milliards. Aussi, dès l'âge de 12 mois, les bébés encore incapables de pouvoir maintenir une conversation font déjà preuve de facultés cognitives surprenantes. Par exemple, une équipe de psychologues marseillais a montré récemment que les nouveau-nés sont aptes à manipuler des statistiques pour prévoir les événements les plus probables de leur environnement. Rappelons que Jean Piaget avait proposé que les inférences de cette nature (probabilistes) ne pouvaient se réaliser qu'à partir de 7 ans (l'âge de raison !). Pourtant, lorsque des bébés de 1 an sont exposés à des vidéos montrant des urnes dans lesquelles sont placés des objets de formes et de couleurs variées, mais tous capables de rebondir d'une urne à l'autre[80], on note déjà une certaine forme d'anticipation du nourrisson. Lorsqu'une urne qui contient cinq balles bleues et un cube rouge disparaît cachée sous un voile, les bébés montrent alors un grand étonnement dès que le cube rouge rebondit vers l'urne voisine, mais non lorsqu'il s'agit d'une balle bleue. Ces expériences indiquent que les nouveau-nés s'attendent à voir surgir de l'urne une balle bleue, car la probabilité de cet événement est plus élevée. Encore plus surprenant, ces mêmes bébés sont capables de réaliser une analyse probabiliste de la situation, en considérant non seulement les proportions respectives des différents objets (balles bleues contre cube rouge), mais aussi leur emplacement dans l'urne (au fond plutôt qu'au bord de l'urne). Dès le plus jeune âge, les cerveaux de nos chers bambins sont donc capables de performances que nous commençons tout juste à entrevoir. Vers l'âge de 6 ans, le cerveau représente alors 90 % de sa taille finale. Cependant, il ne faudrait pourtant pas croire, comme nous le verrons plus tard, que tout est joué, bien au contraire[81].

Cette construction de la forme est caractéristique de l'espèce à laquelle appartient l'animal et elle est le produit de l'histoire évolutive du vivant jalonnée d'innovations génétiques. Pour conclure ce chapitre sur le cerveau de l'homme en devenir, celui-ci peut être comparé à ces chefs-d'œuvre que sont les cathédrales : comme elles, il reste inachevé et vieillit sans jamais atteindre sa maturité ; comme elles, il est l'objet de réparations et de restaurations constantes. Et maintenant, si vous le voulez bien, suivons le guide prêt à nous montrer les coulisses de ce chantier permanent.

CHAPITRE 2

Le chef-d'œuvre

« Si je perdais mon cerveau, je ne m'en rendrais même pas compte. »

Anonyme.

Ce n'est pas le moindre paradoxe que cet organe dont nous sommes inséparables et grâce auquel nous sommes ce que nous sommes nous soit resté si longtemps inconnu. Il a en effet fallu attendre le XVIIIe siècle pour en comprendre la structure extérieure et intérieure, grâce à l'anatomie pratiquée sur les cadavres disponibles à profusion dans les amphithéâtres et aux progrès de la microscopie. L'étude des fonctions a quant à elle pu être enfin abordée par une physiologie débarrassée des préjugés religieux, le recours à l'électricité et l'anatomie pathologique.

La description des étapes clés du développement embryonnaire dont il a été question précédemment montre que le système nerveux des vertébrés est une véritable mosaïque où des structures anciennes d'un point de vue phylogénétique côtoient des inventions plus récentes. Ce paradoxe est illustré par la structure même du cortex cérébral que l'on divise en deux parties selon l'origine phylogénique : une ancienne appelée *allocortex*[1] (du grec *allos* signifiant « autre »), qui correspond à peine à 10 % du manteau cortical, puis la partie plus récente, le *néocortex*[2] (du grec *neos* qui signifie « nouveau »), qui comprend le reste du manteau cortical.

Pour apprécier les facultés de plasticité du cerveau adulte, il est indispensable d'avoir un aperçu de la structure et de la disposition topographique des différentes régions du système nerveux (central et périphérique). Dans un guide de voyage dans le cerveau[3] , l'un de nous s'interroge : « Comment une telle cathédrale peut-elle tenir dans les 1 500 cm^3 d'un crâne humain ? Allez comprendre ce mystère ! Il n'est pas surprenant que le cerveau continue d'inspirer une sorte d'étonnement sacré, mêlé à de la méfiance. Sa découverte et son exploration sont postérieures à celles de l'Amérique. Auparavant, cette *terra incognita* n'était livrée qu'à la spéculation et à la superstition. Intouchable, presque. Souvent encore, on répugne même à faire étudier le cerveau à nos enfants. Trop compliqué, argue-t-on. Et pourtant, n'est-il pas déraisonnable de refuser de connaître le fonctionnement d'un instrument qui nous sert à agir, à aimer, à connaître ? Un peu comme si l'on allait en Égypte sans visiter les pyramides, comme si l'on traversait Rome en évitant le Colisée ou Athènes en détournant les yeux de l'Acropole. Voilà ce qui m'a conduit à proposer une sorte de guide de voyage à l'intérieur du cerveau. »

Visitons sans plus tarder cette cathédrale où l'on distingue, en plus de la division entre système nerveux *central* (la nef de cette cathédrale) et *périphérique* (ses voûtes et contreforts), deux grandes catégories appartenant au système périphérique : le système somatique et l'autre dit végétatif. Le premier participe à la vie de relation de l'organisme avec son milieu extérieur. En permanence, ses nerfs ne cessent de transmettre au cerveau de l'information provenant des différents capteurs sensoriels. Le second intervient dans la régulation des grandes fonctions vitales en contribuant à l'équilibre de notre milieu intérieur grâce à la coordination d'activités essentielles comme la digestion, la circulation sanguine, la respiration, et les sécrétions hormonales. Selon les circonstances, ce système joue le rôle du pompier ou du pyromane. L'activation de la voie sympathique contribue à préparer l'organisme à l'action (physique ou mentale) en activant les grandes fonctions vitales. À l'inverse, la voie parasympathique permet d'assurer la conservation de l'énergie en ralentissant ces mêmes fonctions vitales.

Si le système nerveux périphérique se montre relativement réfractaire aux expériences du sujet, le système nerveux central reste éminemment malléable, prompt à répondre aux leçons du passé en changeant de forme pour modifier ses fonctions. C'est d'ailleurs cette faculté qui rend l'analogie du cerveau avec l'ordinateur totalement inadéquate[4]. Avec cent mille millions de processeurs et un million de milliards de connexions, le cerveau reste sans équivalent en informatique. Que cela concerne les processeurs ou les logiciels, c'est une erreur commise trop souvent que de vouloir appliquer, sans réajustement, la métaphore de l'ordinateur au cerveau.

De tous les objets naturels ou artificiels existant dans l'univers, le cerveau de l'homme reste certainement le plus complexe. Cette complexité s'exprime, d'une part, par la juxtaposition de territoires fort différents dont les fonctions sont plus ou moins bien spécifiées[5], et d'autre part, par le nombre de cellules nerveuses : cent milliards de *neurones* et bien plus de *cellules gliales*[6]. À cette complexité, il convient d'ajouter le nombre important de contacts[7] entre les cellules nerveuses. Un neurone reçoit (ou est à l'origine) environ dix mille contacts, au moyen desquels il échange en permanence des signaux électriques et chimiques avec d'autres cellules pour capter, traiter et stocker des informations pertinentes qui assureront l'adaptation du sujet à son environnement.

Sur la base de données anatomique et fonctionnelle, cette masse grisâtre, qui pèse en moyenne 1 400 grammes, comprend deux régions distinctes. La partie la plus externe du cerveau, l'écorce (ou cortex) cérébrale est peu sensible à la dictature des gènes. En revanche, elle est constamment remodelée par l'histoire du sujet. Ses réseaux de neurones y sont instables, malléables, peu construits sous la commande des gènes, mais largement influencés par des facteurs extra- et intracorporels qui assurent des régulations dites épigénétiques[8]. À l'inverse, les régions plus profondes du cerveau – le cerveau basal – réagissent structurellement beaucoup moins aux sollicitations de l'environnement et aux diverses expériences du sujet. Ces régions restent stables, génétiquement spécifiées et d'origine évolutive ancienne[9]. On a qualifié abusivement ce cerveau de reptilien. En gérant la totalité des grandes fonctions vitales, nous verrons combien les territoires placés sous le cortex garantissent, eux aussi, l'adéquation du sujet à son milieu.

Toutefois, la grande originalité du cerveau humain est sans conteste la diversité des formes de ses circuits nerveux que chacun peut tailler à sa manière. On sait aujourd'hui qu'au niveau cortical, un même génotype[10] peut donner naissance à un très grand nombre de phénotypes[11], ou au même phénotype que l'expérience viendra changer sous l'influence des régulations épigénétiques. Cette dialectique entre gène et épigenèse montre à quel point l'ensemble des comportements de type adaptatif chez l'adulte, dépend des mécanismes développementaux.

Parce que le système nerveux central est le seul à pouvoir intégrer, et gérer, les informations du monde extérieur, c'est par lui que l'organisme peut s'adapter au milieu changeant, processus que nous nommerons ici individuation[12]. Considérer l'individuation comme le résultat d'un processus cognitif de type adaptatif (perception, langage, mémoire, conscience, etc.) revient à admettre que l'histoire d'un sujet peut s'inscrire dans le fonctionnement de ses propres circuits nerveux. Sans plus tarder, soulevons la boîte crânienne qui coiffe cette belle machine si prompte à changer ses composants pour accroître son efficacité.

LE CERVEAU CORTICAL

Comment faire tenir dans l'étroite boîte crânienne les 2,4 m^2 que mesure l'étendue déployée de notre cortex ? L'étude simultanée des crânes et des cerveaux est très instructive. Elle indique, comme le bon sens pouvait le laisser penser, que le moule crânien détermine la forme des hémisphères. Comme le moule augmente son volume, on peut dire que le cerveau augmente son volume en changeant de forme. Des études phylogéniques sur l'évolution de la boîte crânienne montrent que les hémisphères refoulés dans leur partie antérieure pivotent sur leur axe central[13], traversent le tunnel osseux crânien primitif, puis s'échappent vers l'arrière pour se développer. Les directions des scissures de Sylvius soulignent, en particulier, le mouvement des lobes temporaux, lequel accompagne et suit pas à pas la bascule occipitale[14] si importante chez les hominidés.

Pour découvrir le cerveau, il suffit d'enlever la calotte crânienne[15] après l'avoir préalablement découpée à la scie puis décollé les portions d'os qui adhèrent à une membrane fibreuse appelée *dure-mère*. Celle-ci forme une véritable coquille. Une fois coupée la tige qui relie le cerveau à la moelle, on peut l'extraire de sa boîte et le débarrasser de ses trois méninges, comme on pèlerait un oignon. Voilà dans nos mains ce gros fruit rosâtre aux reflets de nacre dont l'écorce aux formes tourmentées a longtemps échappé aux tentatives de description des observateurs.

La partie la plus en vue, et la plus volumineuse, du cerveau est formée de deux hémisphères ovoïdes. Leur face inférieure, irrégulièrement plane, repose sur la base du crâne et recouvre en arrière le cervelet, dont il est isolé par une sorte de fente fibreuse. Les hémisphères droit et gauche sont séparés par une scissure profonde, la *fissure longitudinale*, mais restent unis entre eux par de grandes *commissures* : la plus importante se nomme le *corps calleux*, épaisse bande de substance blanche faisant pont entre les deux hémisphères[16]. Cette autoroute, qui achemine en quelques centaines de millisecondes l'information d'un hémisphère à l'autre, assure le caractère indivisible de notre conscience. Qu'elle vienne à se rompre et ce sont deux esprits, et non un seul, qui devront apprendre à cohabiter sous ce même crâne[17].

La surface des hémisphères est parcourue de nombreux sillons qui délimitent des *lobes* et des *gyrus*. Les lobes sont séparés eux-mêmes les uns des autres par des sillons profonds appelés *scissures*. Chaque lobe présente un certain nombre de gyrus ou *circonvolutions* limités par des sillons secondaires. On distingue ainsi six lobes dans chaque hémisphère : le *lobe frontal*, le *lobe pariétal*, le *lobe occipital*, le *lobe temporal*, le *lobe insulaire* ou *insula* et le *cingulum*[18].

Le cortex lui-même est constitué de substance grise de 3 à 4 millimètres d'épaisseur. Son histologie est complexe et varie d'une région à l'autre. Les corps cellulaires et les fibres sont organisés en couches superposées dont l'observation microscopique permit à Korbinian Brodmann de distinguer différentes régions qu'il désigna par un numéro. L'aire 4, par exemple, correspond au cortex moteur primaire situé en avant du sillon central[19]. Il contient dans une de ses couches des cellules géantes dites pyramidales. Celles-ci donnent naissance à des fibres myélinisées – c'est-à-dire gainées de myéline, isolant graisseux qui contribue à augmenter la vitesse de conduction de l'influx nerveux – et à donner sa couleur blanc nacré à la substance blanche sous-corticale. C'est la naissance d'une impulsion électrique dans le cortex moteur primaire qui provoque la contraction des muscles de la moitié controlatérale du corps. Les aires correspondant aux différents muscles sont distribuées sur des régions corticales qui offrent une représentation des parties du corps appelée *somatotopie* et dessinent un bonhomme grotesque (c'est l'*homonculus*) avec des territoires dont la taille est proportionnelle au degré d'innervation des muscles. Par exemple, une grosse main pourvue d'un pouce géant, une vaste face, une langue et des muscles masticateurs surreprésentés ; en revanche, le pied et la jambe sont maigres et les muscles des racines des membres et du tronc sont sous-représentés. Il existe également un homonculus sensitif dans la région du lobe pariétal en regard du sillon central. La partie postérieure est étroitement connectée avec le lobe occipital dévolu à la vision et avec le cortex prémoteur impliqué dans l'action. Nous présenterons au chapitre 5 la formidable capacité de cet homonculus à pouvoir se redessiner en cas d'accident comme la perte d'un membre ou après qu'une main a été greffée.

En plus de cette organisation horizontale au sein de laquelle les couches se superposent les unes aux autres, à la manière d'un mille-feuille, les connexions nerveuses du cortex sont agencées sous forme de colonnes. Cette disposition verticale fournit des capacités fonctionnelles complémentaires, au niveau des aires motrices, sensitives et sensorielles. En effet, ces colonnes se comportent comme de véritables modules de traitement interposés entre l'entrée et la sortie du signal d'information[20].

Sur le plan fonctionnel, le lobe frontal joue un rôle important dans le comportement de l'individu, surtout dans la planification et le contrôle de ses mouvements et sa capacité de sociabilisation. Le lobe pariétal régit la représentation et l'exploration de l'espace dans le cerveau. Cette faculté lui permet d'assurer la maîtrise du geste et une bonne connaissance du corps dans les trois dimensions grâce à la réception des informations cutanées (toucher, température et douleur).

Situé en dessous du cortex pariétal, le lobe temporal est le siège de l'intégration de plusieurs modalités sensorielles comme le goût, l'olfaction et l'audition. Il assure aussi la compréhension du sens des mots et la mémoire visuelle. Enfin, situé au pôle le plus postérieur de l'hémisphère, le cortex occipital décode l'information visuelle. Formes, couleurs, mouvements sont analysés précisément dans cette région.

Nous verrons au chapitre suivant que chaque individu, en raison de l'extrême sensibilité des aires corticales à l'expérience acquise, ne perçoit pas son environnement de la même façon. C'est grâce à l'existence de ces réorganisations que chacun peut construire sa personnalité sous la double influence de son histoire (*ontogenèse*) et de celle de l'espèce (*phylogenèse*). Ces deux formes de pression évolutive se conjugueront à l'action culturelle issue de l'interaction avec d'autres individus, pour permettre à l'être humain d'exister en tant qu'être vivant, unique et libre !

Les voies nerveuses qui se projettent sur le cortex ou celles qui en partent passent à travers le plan médian pour connecter chaque hémisphère à la moitié opposée (controlatérale) du corps. Ce phénomène anatomique de croisement des fibres nerveuses (ou décussation) est connu depuis fort longtemps. Hippocrate lui-même avait déjà noté qu'une blessure infligée du côté gauche de la tête engendrait des convulsions de la partie droite du corps blessé. La valeur adaptative de ces croisements reste encore une énigme pour les scientifiques. Le cortex droit assure les mouvements et la sensibilité de la moitié gauche du corps et la vision de la moitié gauche de l'espace ; le cortex gauche contrôle la moitié droite du corps et la moitié droite du champ visuel. Cependant, la séparation et le croisement des voies nerveuses ne sont pas toujours équitables lorsqu'il s'agit des projections cérébrales. Certaines fonctions sont dites « latéralisées » lorsque les deux hémisphères ne reçoivent pas la même quantité d'information, un côté étant dit alors dominant par rapport à l'autre. Par exemple, le langage est contrôlé par l'hémisphère gauche chez un droitier et le droit chez un gaucher. Mais ici aussi, rien n'est figé. Qu'un droitier vienne à perdre sa main droite, et c'est l'hémisphère droit (connecté à sa main gauche restée fonctionnelle) qui prendra le relais. On le voit, les étiquettes politiques n'ont pas lieu d'être utilisées en matière de science du cerveau.

QU'Y A-T-IL À L'INTÉRIEUR D'UNE NOIX ?

Le *cerveau sous-cortical* contient des formations cellulaires « grises ». Ce sont les noyaux gris centraux (noyau caudé, putamen et pallidum ; le noyau subthalamique et une petite masse grise distincte de la couche corticale située dans la circonvolution de l'hippocampe, le noyau amygdalien).

Le *diencéphale* correspond à la partie médiane et profonde du cerveau. Sur le côté, le *thalamus* et, dans le plancher, l'*hypothalamus*.

Le thalamus (du grec « chambre intérieure ») est un véritable portail contrôlant les entrées dans le cortex. Toutes les afférences sensorielles (à l'exception notable des afférences olfactives) transitent par le thalamus avant d'atteindre les aires réceptrices des cortex sensoriels. De façon étonnante, chacune des modalités sensorielles possède son propre relais, sa boîte postale, dans le thalamus. Par exemple, le corps genouillé médian du thalamus reçoit les informations provenant de l'oreille interne pour les transmettre rigoureusement au cortex auditif, tandis que la partie latérale du corps genouillé reçoit des informations provenant de la rétine et envoie des axones vers le cortex visuel. La plupart des modèles neurobiologiques de la conscience mettent actuellement l'accent sur l'activité des faisceaux qui relient le thalamus au cortex (boucles thalamocorticales[21]).

Si la majorité des informations reçues par le thalamus provient des systèmes sensoriels, il faut aussi noter qu'il relaie d'autres activités nerveuses comme celles issues du cervelet, des ganglions de la base ou des lobes temporaux, qui tous établissent avec le thalamus des connexions réciproques. Signalons aussi que les noyaux des relais sensoriels du thalamus n'envoient pas seulement des fibres vers le cortex, mais qu'ils reçoivent, en retour, de puissantes projections descendantes des aires corticales. Par exemple, c'est dans le noyau *réticulaire thalamique* que les projections cortico-thalamiques rétroactives contrôlent l'activité thalamique. Cette régulation est permise grâce aux neurones réticulaires qui produisent une puissante inhibition des sorties thalamiques envoyées aux cortex. Par l'intermédiaire de ce filtrage, le flux d'informations sensorielles atteindra ou non la cible corticale, donnant lieu, ou pas, à une expérience consciente[22].

Sous le thalamus, le visiteur rencontrera l'*hypothalamus* qui rassemble toutes les régulations viscérales participant à l'homéostasie du milieu intérieur. C'est là où sont gérés nos besoins et nos désirs, nos plaisirs et nos souffrances. Véritable centrale végétative, cette région joue un rôle fondamental dans l'intégration des fonctions somatiques, autonomes et endocriniennes, car l'hypothalamus reçoit des informations en provenance de tous les viscères et répond directement aux changements du milieu intérieur. Par exemple, la régulation de la masse graisseuse sur le long terme a été mieux comprise, grâce à la découverte d'une hormone, la *leptine*, sécrétée par les cellules graisseuses et qui s'adresse directement à l'hypothalamus pour freiner la prise alimentaire.

Véritable cave où sont entreposés tous les objets de nos désirs, l'hypothalamus a également la possibilité d'agir sur le reste de l'organisme, grâce aux systèmes endocrine et nerveux végétatif dont il contrôle l'activité. Alors qu'une extension du plancher de l'hypothalamus (l'hypophyse postérieure) libère deux hormones majeures, l'*ocytocine* et la *vasopressine*, impliquées dans les régulations de l'allaitement, de la parturition et de la pression sanguine, d'autres régions hypothalamiques contrôlent les sécrétions de la glande pituitaire (ou hypophyse antérieure). L'hypothalamus contribue en fait à une représentation centrale du corps en maintenant un registre courant de l'état de l'individu selon trois dimensions : corporelle, extracorporelle et temporelle, par lequel celui-ci déploie sa subjectivité[23]. Nous reviendrons sur le degré de flexibilité de cette structure lorsqu'il s'agira de traiter des fonctions d'ajustement de l'affect.

D'autres régions nerveuses placées sous le cortex comprennent, outre le diencéphale, le système limbique, les ganglions de la base et le tronc cérébral. Ces régions se caractérisent par la présence de neurones non plus disposés sous forme de couches comme dans le cortex, mais regroupés en noyaux de taille plus ou moins importante. Certains sont gros comme les noyaux gris centraux enfouis dans la profondeur de chaque hémisphère, ou l'amygdale, structure paire située à l'intérieur des deux lobes temporaux. D'autres sont plus petits et forment des ensembles colorés comme la *substance noire* ou le *locus cœruleus* (le *centre bleu*), tous deux situés dans le tronc cérébral.

Bien sûr, comme toute classification, cette division du cerveau des mammifères, en cortex et en régions sous-corticales, a ses limites. Si elle rend bien compte des observations anatomiques, elle ne correspond pas toujours à une réalité fonctionnelle. Le système limbique, par exemple, comprend à la fois des territoires corticaux et sous-corticaux. Force est de constater que les circuits nerveux ne reconnaissent pas toujours les frontières posées arbitrairement par les scientifiques plutôt soucieux de laisser leur nom à un territoire du système nerveux pour s'assurer une postérité.

Avec ses deux hémisphères, le cerveau repose sur le *tronc cérébral* qui se prolonge dans la moelle épinière. Celle-ci est parcourue par des voies descendantes qui transportent les impulsions électriques du cerveau aux neurones moteurs et des voies ascendantes qui acheminent les informations sensorielles en provenance du corps et du monde extérieur.

Les noyaux du tronc cérébral occupent l'espace laissé vacant par les faisceaux de fibres qui vont et viennent entre le cerveau et le reste du corps. Ces noyaux participent aux grandes fonctions végétatives et permettent l'intégration des signaux corporels. Ils prennent notamment en charge les signaux visuo-moteurs, les fonctions d'équilibration et d'audition, la sensibilité et le contrôle moteur de la face, de la bouche, de la gorge, du système respiratoire et enfin, du cœur.

Les structures du tronc cérébral et l'ensemble des régions profondes médianes du cerveau interviennent de façon complexe dans ce qu'il est convenu d'appeler des états différents de conscience : conscience minimale, sommeil, rêve, veille et attention. Des lésions dans cette région provoquent des pathologies neurologiques très diversifiées comme le coma profond ou bien un état dans lequel le sujet perd totalement l'usage de ses muscles, conserve intacte sa conscience du monde, et devient prisonnier de son propre corps. Nous reviendrons dans le chapitre suivant sur le cas devenu célèbre de l'auteur qui rédigea l'ouvrage autobiographique *Le Scaphandre et le Papillon* après avoir subi un accident vasculaire cérébral (AVC) dans le tronc cérébral.

Cette visite express du tronc cérébral nous conduit à la *formation réticulée*, qui est à la fois un système d'*intégration* d'informations convergentes des faisceaux ascendants et d'*activation* divergente assurant le maintien en éveil de l'ensemble du cerveau. Ce système a donc la charge de « mettre sous tension » l'ensemble du cortex cérébral pour que la perception, l'action volontaire, voire la pensée, puissent s'exercer de façon optimale. En somme, cette formation est importante pour gérer les processus d'attention et intervient dans la gestion des cycles éveil/sommeil. Sa contribution à l'homéostasie[24] du milieu intérieur est assurée grâce aux nombreux sous-systèmes organisés hiérarchiquement dans le tronc cérébral. Enfin, notons que l'association de la formation réticulée avec les corps striés constitue le substrat anatomique des comportements adaptatifs majeurs de l'individu et de l'espèce sur lesquels nous reviendrons amplement dans les chapitres suivants.

Au détour de cette visite, il nous faut maintenant nous attarder sur les *ganglions de la base* (appelés aussi noyaux gris centraux). Il s'agit d'un ensemble de noyaux cérébraux qui se situe à la base du télencéphale, sous les régions antérieures des ventricules latéraux. Ils comprennent trois subdivisions : le *globus pallidus*, le *noyau caudé* et le *putamen*. Le noyau caudé et le putamen constituent ce qu'il est convenu d'appeler *néostriatum* car ces deux structures sont phylogénétiquement les plus récentes. Ensemble avec le globus pallidus (ou *paléostriatum*), ils constituent le *striatum*. Ces structures ont un rapport avec l'apprentissage, en particulier pour les tâches motrices (mémoire dite *procédurale*). Lorsque nous apprenons à faire du vélo, c'est grâce aux capacités d'apprentissage des ganglions de la base que nous progressons rapidement et devenons des experts de la « petite reine ».

La fonction des ganglions de la base dans l'initiation, et le déroulement de la commande motrice, est clairement illustrée en cas de détérioration par la maladie de Parkinson. Les sujets ont alors une grande difficulté à initier des mouvements, et les exécutent avec une lenteur et des tremblements qui les caractérisent.

Si la partie dorsale du striatum est plutôt liée aux fonctions strictement motrices, la région ventrale est intimement associée à l'affect. Cette dernière reçoit des fibres dopaminergiques en relation avec les systèmes désirants qui balancent entre désir et aversion pour nous conduire vers des états affectifs que nous nommons plaisir ou souffrance.

Pendant longtemps, on a pensé que le plaisir était relié à la valeur utilitaire des comportements. Cette tendance est aujourd'hui révolue pour faire place à une biologie qui dissocie plaisir et satisfaction du besoin. On doit ce changement de pensée, une fois de plus, à la notion de cerveau flexible et plastique. Cette vision nouvelle repose, entre autres, sur les résultats d'expériences d'autostimulation[25] qui révèlent le caractère dynamique du fonctionnement des circuits nerveux. Ces expériences consistent à introduire des électrodes dans le cerveau d'un rat pour permettre à l'animal de stimuler certaines de ses régions cérébrales. Dès la première salve de stimulations électriques fournie en appuyant sur un levier, l'animal n'a de cesse de presser sur le levier jusqu'à plusieurs centaines de fois par heure, et ceci jusqu'à en négliger des fonctions fondamentales comme boire ou se nourrir. L'animal devient donc véritablement « esclave » de son propre comportement entraînant une dépendance qui est la traduction comportementale d'un mécanisme neurologique nommé « addiction[26] ». Or les observations des propriétés des circuits ayant reçu ces salves de stimulation, montrent des changements radicaux de forme et de fonction à tous les niveaux d'organisation que les chercheurs ont étudiés – récepteurs aux neurotransmetteurs, contacts synaptiques, neurones et circuits, et ceci même sur une très longue durée[27].

Dans ce contexte de forte plasticité neuronale, la région cérébrale impliquée correspond à la trajectoire des voies émanant du tronc cérébral où est synthétisée la dopamine puis libérée par le *nucleus accumbens* (ou striatum basal) connecté au cortex frontal. La coquille de ce noyau gère nos émotions en raison de ses liens avec l'amygdale et avec le système limbique. En revanche, puisque la partie centrale (nommée « noyau ») est impliquée dans le contrôle moteur, le nucleus accumbens se comporte comme une interface importante entre désir et action. En détectant les quantités de dopamine libérée, et en réglant le contact sélectif du cerveau avec le monde extérieur, cette région cérébrale joue un rôle vital dans la gestion de nos affects.

Le désir est d'abord un désir de récompense lié au manque, le plaisir l'étant à la satisfaction de ce dernier. Il exprime un besoin vital du corps qui nécessite un réapprovisionnement : eau, éléments nutritifs et énergie nécessaire à l'entretien de la vie. La finalité du désir serait donc le plaisir et le choix du comportement engagé serait dicté par le plaisir qu'il procure. Cependant, cette définition ne vaut pas d'être érigée en règle générale. Il est possible que l'autostimulation puisse activer en parallèle, et non de façon sérielle, désir et plaisir. Dans ce cas, le désir ne serait donc pas toujours lié au besoin et le plaisir ne viendrait pas forcément de la satisfaction de ce même besoin. L'activation simultanée du couple désir-plaisir expliquerait le caractère insatiable de l'autostimulation et surtout le côté « gratuit » du plaisir que l'on peut parfois observer. L'analyse détaillée de l'effet psychostimulant des drogues dites de « récompense » (cocaïne ou amphétamines par exemple) permet de distinguer deux catégories de comportements : ceux qui dépendent de la motivation (ils sont liés au désir), et ceux qui causent le plaisir associé à la consommation de la drogue. Le premier est de l'ordre du désir pur (*wanting* en anglais), et relève d'une substance chimique produite par notre cerveau : la dopamine. Le second (*liking* en anglais), lié à la consommation et à la satisfaction d'un besoin, dépend des voies qui libèrent une autre substance chimique : les endorphines. Ces deux systèmes de neuromédiateurs fonctionnent de façon synergique. Le système dopaminergique qui relève du désir est fortement associé aux caractéristiques de l'objet convoité, il se charge de l'aspect appétitif de certains comportements[28]. Le second, de nature opiacée, est lié à la consommation et aux conséquences physiologiques et métaboliques de la satisfaction du besoin (comportement consommatoire).

Enfin, soulignons que toute situation responsable d'un état affectif particulier, plaisant par exemple, crée parallèlement un processus inverse (déplaisant dans ce cas). Ce mécanisme que l'on nomme « processus opposants » s'appuie sur l'équilibre homéostatique proposé par Claude Bernard, puis repris par Walter Cannon qui parlait alors de « sagesse du corps », pour prendre en compte les influences du milieu intérieur et de l'environnement[29]. On rappellera ici que la théorie des processus opposants a été initialement énoncée en 1974[30] par Richard L. Solomon, de l'Université de Pennsylvanie, et John D. Corbit, de l'Université de Brown, pour expliquer un certain nombre de phénomènes émotionnels particulièrement intrigants. Les explications avancées par ces deux chercheurs permettent de comprendre les modifications émotionnelles fortes qui se produisent selon un décours temporel spécifique à la situation. Par exemple, Solomon et Corbit citent le cas des parachutistes qui connaissent, pour la plupart, une intense terreur lors de leur premier saut, mais qui, une fois celui-ci effectué, ressentent une autre émotion, tout aussi intense, qui les amène au bien-être, voire à l'extase. Le cas des amants qui se retrouvent avec la plus grande passion et qui sont plongés dans les affres de la tristesse dès lors que l'être cher s'absente illustre une autre situation où le bonheur précède la souffrance. Ces deux exemples montrent qu'il existe non seulement une temporalité aux réponses affectives, mais aussi et surtout que la polarité s'inverse radicalement. Ce processus inverse qui naît par contre-réaction se développera avec un délai et persistera bien longtemps après l'arrêt du stimulus. Ce déphasage entre le processus de réaction puis de contre-réaction, est à l'origine d'un effet rebond. C'est aussi le fameux état de « bien-être » que recherche le marathonien, lorsqu'il franchit la ligne d'arrivée, le corps meurtri par les nombreuses douleurs qu'il s'est infligées durant l'effort prolongé. Cette composante tardive s'accroît avec la répétition des stimuli et tend progressivement à estomper le processus primaire qui l'a fait naître. Il faut alors des stimulations de plus en plus croissantes chez le sujet devenu tolérant pendant que l'effet secondaire s'accroît avec la souffrance[31]. On s'aperçoit alors que le caractère malléable du cerveau adulte ne conduit pas toujours vers des paradis, bien au contraire.

LES LIMBES DE L'ESPRIT

Selon McLean (1958), théoricien d'un cerveau en trois régions à partir de critères évolutifs, le *système limbique* correspond au cerveau paléomammalien, où siègent nos motivations et émotions. Il est capable de répondre à une information présente après comparaison avec le registre des informations passées. Cette structure profonde intervient dans le traitement émotionnel, l'apprentissage et la mémoire.

Le système limbique est lui-même constitué de l'association complexe de plusieurs centres nerveux et de leurs voies de communication qui bordent (bordure en latin se dit *limbus*) le tronc cérébral. Ce système qui est situé à la base du cortex cérébral fait partie d'un ensemble nommé *grand lobe limbique* par Paul Broca (1878). Deux structures nerveuses paires et symétriques, situées dans les régions médianes du cerveau, sont au cœur des processus émotionnels : l'*hippocampe* et l'*amygdale*. Le premier a en charge la gestion du territoire et des cartes relationnelles du sujet avec le monde. Il est aussi impliqué très fortement dans la formation des souvenirs. À ce titre, l'hippocampe reste le modèle de prédilection des chercheurs en quête de réponses biologiques au grand mystère que constitue la mémoire. La seconde région, l'amygdale, est enfouie dans les profondeurs de chaque lobe temporal. Elle sert à reconnaître les émotions et notamment la peur sur le visage de l'autre, à l'exprimer et à établir des associations pour des situations qui n'ont en elles-mêmes aucune congruence. Grâce à ces structures, le sujet apprend à associer le plaisir ou la souffrance, à un objet, ou une situation particulière, et à estimer l'intensité et la valence (hédonique ou aversive) d'une stimulation.

L'hippocampe, ainsi nommé pour sa forme qui rappelle celle de l'animal marin, reçoit des entrées provenant de pratiquement toutes les régions du cortex cérébral qui circulent le long d'une séquence de trois contacts successifs. Comme l'indiquent les données anatomiques, l'hippocampe fonctionne en boucle, à la façon d'une rotonde des grands hôtels dans laquelle on peut entrer et sortir. Son rôle peut se résumer à celui d'un comparateur entre l'état du monde et sa valeur affective. La ronde des influx nerveux dans les circuits hippocampiques s'accomplit de façon rythmique par périodes de 10 à 200 millisecondes (soit de 50 à 100 hertz). Cette activité électrique de nature oscillante jouerait un rôle important dans la formation des souvenirs ; présente au cours d'un apprentissage, elle réapparaît très fortement durant les rêves, illustrant au passage le lien probable qui associe mémoire et rêve. Compte tenu des interconnexions avec le *cortex cingulaire* et les *corps mamillaires*, l'hippocampe joue aussi un rôle majeur dans les traitements émotionnels de la mémoire.

L'appétit, les comportements sexuels (et consommatoires en général) et les stratégies de défense mises en place au cours de l'évolution dépendent d'interactions entre le système limbique et le tronc cérébral. Il s'agit là d'un système de valeurs relié à un grand nombre d'organes internes, au système endocrine et neurovégétatif. Cet ensemble règle, de façon autonome, les rythmes cardiaques et respiratoires, la transpiration, les fonctions digestives, ainsi que les cycles corporels associés au sommeil et à l'activité sexuelle. Les circuits de l'ensemble, tronc cérébral-système limbique, forment des boucles rétroactives au temps de réaction relativement lent (de quelques secondes à quelques mois) et dépourvues de précision topographique (absence de carte fonctionnelle). Ces boucles ont été sélectionnées de façon à privilégier les besoins internes de l'organisme, mais non à s'ajuster aux multiples signaux qui proviennent du monde extérieur. Elles sont apparues précocement au cours de l'évolution pour assurer les besoins les plus fondamentaux de l'organisme dans un environnement constamment changeant.

L'amygdale, ainsi nommée par allusion à sa forme en amande, constitue le centre de l'action. Elle est nichée à la partie interne du lobe temporal pour entretenir un double rapport avec l'hypothalamus : rapport direct, grâce à de multiples connexions, mais aussi indirect par l'intermédiaire des stries terminales. L'activation de l'amygdale produit des effets mixtes selon la composante sympathique et parasympathique du système nerveux végétatif qui sera engagée. À l'inverse, son ablation, comme celle de la plupart des structures limbiques, réduit la peur et l'anxiété. La subdivision de l'amygdale proposée par Brodal en 1881, entre les groupes médian-cortical et baso-latéral, est essentielle, car elle confirme les différentes observations réalisées à partir de stimulations ou ablation de ces régions.

Pour résumer, le système limbique comprend deux composantes responsables des effets plaisants ou déplaisants. Les noyaux du septum, le faisceau cérébral médian et l'hypothalamus peuvent produire des affects agréables et les émotions qui leur sont associées ont souvent une forte connotation sexuelle. À l'inverse, l'activation de l'amygdale et de ses efférences, en partie par les stries terminales, produit des réactions de rejet et de dégoût. Une hyperactivité amygdalienne peut avoir sur un sujet des conséquences sociales et économiques désastreuses ; elle contribue, par exemple, à former un futur délinquant à tendance homicide.

Les conséquences des lésions amygdaliennes témoignent de l'importance de cette structure profonde. Lorsque l'amygdalectomie était encore pratiquée chez les sujets épileptiques, on constata une sévère diminution des réactions de peur et d'agressivité, avec une incapacité presque totale d'attribuer une signification affective aux messages sensoriels. Ces individus, sans cœur, restent indifférents devant des photographies au contenu émotionnel le plus chargé (corps démembrés par exemple). La médecine s'est penchée aussi sur le cas de personnes atteintes du syndrome d'Urbach-Wiethe. Il s'agit d'une maladie génétique rare, caractérisée par une calcification de l'amygdale. Là encore, ces sujets sont incapables de reconnaître la tristesse ou la peur portées sur des visages humains. Ils caresseront la plus grande tarentule que vous puissiez leur présenter, se saisiront des plus gros serpents, tous vivants il va de soi, sans jamais ressentir la moindre frayeur.

Jusqu'à présent, pour décrire l'origine des affects, nous nous sommes volontairement limités à une description, plutôt brève, des régions sous-corticales, et en particulier au fonctionnement du système limbique et de ses structures connexes. Il est cependant nécessaire maintenant de souligner aussi l'importance de la dimension cognitive et de la relation qui lie l'affect à la conscience. Pour cela, suivons le guide afin d'atteindre la nef de cette magnifique cathédrale.

LE VERTÉBRÉ : UN ANIMAL AFFRANCHI !

À l'inverse de l'invertébré, la construction du corps d'un vertébré s'affranchit très vite du patrimoine génétique qu'il hérite de ses deux parents. Dès les premières étapes de l'embryogenèse, l'épigenèse est à l'œuvre. L'individu peut alors se construire de façon tout à fait différentielle, en fonction de ce qui se passera dès le stade de l'œuf pour former, au stade final, un être unique. Autrement dit, la construction du sujet est historiquement fondée pour échapper à la dictature des gènes. Chez les vertébrés, on trouve bien un projet à respecter, mais la construction s'affranchit des plans du grand architecte. L'animal libre peut alors affirmer sa présence au monde.

Chez les invertébrés, comme les insectes par exemple, bien que leurs capacités cognitives et sensorielles soient extrêmement développées, au point qu'ils sont capables de détecter et discriminer des palettes de nuances ou des senteurs exquises, toutes inaccessibles à la perception humaine, ces tâches seront réalisées sans laisser place à l'improvisation. Si les insectes sont doués d'automatismes efficaces, l'absence de plasticité de leur système nerveux les rend incapables de tirer des règles n'appartenant pas au registre de l'espèce. En somme, leur ingéniosité a des limites. Pourtant, certains invertébrés sont parfois capables d'apprentissage. Le nématode *Caenorhabditis elegans*, modèle très prisé des neurobiologistes pour l'étude de la plasticité comportementale, est capable de mémoriser des odeurs associées à la nourriture ou à une punition. L'escargot de mer, l'aplysie, est un autre exemple devenu célèbre pour les neurophysiologistes, depuis qu'Eric Kandel, à l'Université Columbia de

New York, a montré la grande flexibilité des circuits nerveux de cet animal lorsqu'il réalise une tâche d'apprentissage.

Chez les vertébrés, le système nerveux prend la forme globale que nous lui connaissons : un tube protégé par une colonne vertébrale surmontée à sa partie antérieure de trois principaux renflements eux-mêmes protégés par la boîte crânienne. Comme nous l'avons entrevu, c'est l'apparition de la crête neurale qui offre non seulement la possibilité d'harmoniser les fonctions de l'organisme par le jeu du système nerveux périphérique, mais aussi une plus grande capacité de s'adapter au monde extérieur, grâce au regroupement vers l'avant des circuits nerveux. Le système nerveux périphérique peut par exemple adapter la chaleur corporelle de l'organisme, en fonction de la température externe, par le truchement de l'innervation des vaisseaux sanguins qui sont, selon l'effet recherché, dilatés ou contractés. Les animaux poïkilothermes (ou à « sang froid ») peuvent alors faire place aux êtres homéothermes qui se montrent capables de maintenir constante leur température corporelle. Chez l'homme, ce même système devient l'apanage de la communication entre sujets en témoignant l'affect d'un individu, pâle de peur ou rouge de colère. Les grandes fonctions de communication ont été privilégiées par l'émergence de la crête neurale, qu'il s'agisse d'échanges d'information entre les organes, entre l'individu et son milieu et surtout entre les individus eux-mêmes. Pour le vertébré, c'est la confrontation avec l'Autre qui prend tout son sens avec l'émergence de la tête.

Cependant, l'invention de la crête neurale ne s'accompagne pas uniquement d'une liberté accrue chez les vertébrés. Cette liberté a un prix. Avec la crête neurale apparaissent aussi les systèmes de récompenses et de punition. Ces systèmes qui sont à l'origine du plaisir et de la souffrance, des renforcements positifs et des renforcements négatifs, vont accompagner et diriger les comportements pour permettre l'approche ou la fuite, selon les conditions et l'état affectif du sujet. Alors que les invertébrés se montrent plus généralement incapables d'être émus, les vertébrés ressentent les relations de leur corps avec le monde grâce à leur cerveau. Une sorte de liberté (du jeu dans le déterminisme des actions) semble donc régler les comportements humains à partir des systèmes d'affect. Plus précisément, l'humain se caractérise par l'existence d'un état intersubjectif, l'état central fluctuant. Cet état est comme une partition à trois, interprétée par le corps – avec les hormones, le système nerveux, le système immunitaire –, le monde dans lequel se déploie le corps – qu'il perçoit, avec lequel il interagit – et puis la dimension temporelle – tout ce passé que nous traînons avec les gènes de l'espèce et notre histoire personnelle. En somme, chez les vertébrés, aucun individu n'a le même passé, la même dimension temporelle, même si le bagage génétique reste comparable. Le vertébré peut enfin s'exclamer : vive la différence !

CHAPITRE 3

L'atelier du cerveau

« Vivre signifie repousser sans cesse quelque chose qui veut mourir. »

Friedrich Wilhelm NIETZSCHE,
Le Gai Savoir, 1887.

La conservation de la vie sur la Terre est aussi exigeante que celle de l'énergie : comme cette dernière, elle se dégrade en permanence, et chaque organisme vivant est appelé à sombrer inéluctablement dans le chaos. La vie ne reste alors possible que grâce à des outils de réparation, de restauration et de reconstruction des organes dégradés, jusqu'à la fermeture de l'atelier pour cause de décès. Nombre d'invertébrés sont capables de régénérer entièrement un membre ou un organe perdu, y compris leur système nerveux. Ceux qui sont dits supérieurs, en particulier l'homme, semblent avoir perdu cette remarquable faculté. En revanche, ils disposent de nombreux moyens de remédiation qui permettent de suppléer à certaines insuffisances, au moins partiellement.

Si cette récupération est bel et bien possible, c'est parce que, contrairement à ce qu'on a longtemps cru, la construction du cerveau, même à l'âge adulte, n'est jamais totalement achevée. D'ailleurs, le sera-t-elle un jour ? La grande innovation des vertébrés est d'avoir gardé un système nerveux capable de conserver des propriétés embryonnaires, même chez l'adulte. C'est grâce à cette forme étendue d'ontogenèse, que la plasticité de l'organisme peut exercer ses pouvoirs en favorisant les changements de forme des neurones, en facilitant le remplacement des contacts nerveux ou encore en permettant l'addition et l'élimination de certains neurones. La dynamique conservée des circuits nerveux permet aux processus d'adaptation de s'exprimer au niveau de l'individu et non plus, comme chez les invertébrés, par la sélection de clones.

Le chapitre précédent pouvait vous laisser imaginer un cerveau figé dans sa structure comme dans son fonctionnement. Il n'en est rien. La cathédrale s'anime et évolue. C'est donc un cerveau mouvant que nous allons maintenant vous présenter.

LA RÉGÉNÉRESCENCE TISSULAIRE

On appelle régénération la faculté que possède une entité vivante (cellules, tissus, organe, organisme, écosystème, etc.) de se reconstituer après amputation ou destruction d'une partie de cette entité. La restauration de l'organe perdu n'est pas uniquement structurelle ; elle vise aussi à recouvrir des capacités fonctionnelles, de façon partielle ou totale. Elle appartient à l'arsenal de la neuroplasticité adulte lorsqu'elle concerne le système nerveux et joue un grand rôle dans le fonctionnement optimal du système nerveux. Récemment propulsée à l'avant-scène des shows médiatico-scientifiques, l'existence chez l'adulte de zones prolifératives d'où naissent en permanence de nouveaux neurones illustre un cas extrême de régénérescence sur lequel nous reviendrons un peu plus tard.

L'aptitude que partagent certains animaux à régénérer une partie de leurs membres, ou organes, constitue en soi un phénomène fascinant à étudier[1]. Encore plus remarquable est la capacité de pouvoir reconstruire un système nerveux endommagé. C'est depuis la découverte fortuite d'Abraham Tremblay, en 1740, qui a observé que l'hydre d'eau douce pouvait se dédoubler, une fois coupée en deux, et régénérer tout ou partie de son corps, que les premières fondations d'une discipline qu'on a plus tard appelée *médecine régénérative* ont été jetées.

Destiné par ses parents à devenir pasteur, le jeune Abraham décida de s'opposer à ce destin spirituel en entamant une brillante carrière scientifique, d'abord en mathématiques, puis en sciences naturelles. Lorsque, scientifique en herbe, il découvre dans une eau trouble des hydres, se pose à lui la question de classifier cet organisme dans le règne des animaux ou celui des plantes. Pour trancher ce dilemme, on avait coutume à l'époque de couper en deux l'organisme inconnu, à la manière du roi Salomon cherchant à connaître la vérité. Si l'organisme restait incapable de survivre après scission, on concluait alors qu'il s'agissait d'une bête. À sa grande surprise, non seulement les deux parties isolées ne meurent pas, mais Tremblay montre qu'à partir d'une seule hydre, il pouvait en obtenir jusqu'à cinquante !

Las, l'homme n'a pas hérité totalement des mêmes pouvoirs. Depuis longtemps, les scientifiques cherchent à comprendre l'origine de ce mystère. Deux hypothèses ont dès lors été avancées. L'une suggère qu'il existerait un ancêtre des métazoaires capable de se régénérer puis, qu'au cours de l'évolution des espèces, cette faculté aurait disparu (*propriété vestigiale*). L'hypothèse alternative stipule que cette faculté est absente chez l'ancêtre des métazoaires mais serait apparue, sous différentes formes, durant l'évolution (*propriété émergente*). Selon cette hypothèse, la régénérescence serait un trait adaptatif important que la sélection naturelle aurait donc retenu.

Les recherches pour confirmer ou infirmer une de ces deux hypothèses n'ont pas encore totalement abouti. On sait aujourd'hui que la moelle épinière peut se régénérer après l'amputation de la queue chez les anamniotes aquatiques (poissons et amphibiens) et les reptiles. Les études conduites chez le poisson montrent aussi une grande aptitude du cerveau à se régénérer. En revanche, l'aptitude à s'autoréparer devient moins fréquente chez les oiseaux et plus rare encore chez les mammifères. Ces observations semblent étayer la thèse vestigiale selon laquelle la capacité de régénérescence est bloquée, perdue ou réduite, au cours de l'évolution des espèces. Bien sûr, la signification de toutes ces données expérimentales appelle un regard critique. En particulier, il ne faut pas oublier que le potentiel de récupération d'une fonction nerveuse dépend de la région concernée, mais aussi du contexte dans lequel cette lésion survient.

Lorsqu'on cherche à mettre en évidence les facultés de réparation du tissu nerveux, l'âge du sujet est également un paramètre important à prendre en compte. Les amphibiens, les oiseaux et les mammifères montrent tous une récupération partielle d'une lésion de leur moelle épinière respectivement aux stades larvaire et embryonnaire. En revanche, ces animaux perdent cette aptitude une fois atteint l'âge adulte. Même si le potentiel est toujours là, notamment grâce à la présence de véritables cellules souches neuronales nichées dans des centres nerveux, il semble que ce soit l'environnement tissulaire qui détermine fortement l'expression des facultés régénératrices des tissus adultes. En somme, c'est la perte de la capacité à faire persister, chez l'adulte, des caractères physiques infantiles (un trait que l'on appelle pédomorphisme), qui serait responsable de la rareté des processus de régénérescence chez les vertébrés supérieurs. Puisque les capacités régénératrices de la grenouille, du poulet ou d'un rongeur, dépendent d'un stade particulier, il est donc probable qu'il s'agit bien d'une propriété ancestrale héritée d'un ancêtre commun à l'amphibien.

Dans l'arbre de la vie[2], les formes d'adaptation sont différentes selon que l'on considère la branche qui porte les invertébrés ou à celle des vertébrés. Même si nous en apprenons beaucoup sur la manière que nous avons de construire notre système nerveux, en étudiant comment s'y prend la mouche ou le ver, les règles qui permettent de développer des stratégies adaptatives sont radicalement différentes. Chez l'arthropode, la grande majorité des changements de type adaptatif s'effectuent au niveau génétique par la sélection de clone. En somme, il n'y a pas place pour l'individuation chez les invertébrés, car c'est le génome qui dicte le devenir de l'espèce. Au contraire, chez les vertébrés, et plus encore chez les mammifères, chaque individu est différent de ses congénères en raison de la pression du milieu sur le sujet, tout en conservant constants les traits de la population, et ceux de l'espèce, par le biais de la communication intersubjective et de la reproduction sexuée. La richesse de l'information échangée permet à l'adaptation d'opérer au niveau de la variabilité de l'individu, à travers son histoire.

En conséquence, le système nerveux d'un vertébré à l'instant t n'est plus tout à fait le même à l'instant $t+\Delta t$; il a tout simplement évolué. L'intensité de l'activité des synapses, leur nombre, le nombre total de cellules nerveuses dans une structure donnée, l'organisation spatiale et temporelle des réseaux aura changé. Cette adaptation permanente du sujet adulte à son milieu et en fonction de son expérience est assurée par l'expression continue des gènes de développement qui permettent non seulement l'évolution de l'espèce ou la mise en place des grandes structures cérébrales (cortex, cervelet, moelle épinière), mais aussi parce qu'ils permettent au système nerveux d'être en permanence ajustable, flexible, dans sa forme et ses fonctions. Stephen Jay Gould, dans son célèbre ouvrage paru en 1977, *Ontogeny and Phylogeny,* avait déjà mentionné ce mécanisme possible de l'évolution. En particulier, il avançait la thèse qu'une modification de la chronologie des développements embryologiques, ou ontogénétiques, peut concourir de façon significative à l'adaptation d'une espèce sans pour cela impliquer des changements phénotypiques significatifs. Comme on l'a vu, cette règle s'applique parfaitement au cerveau des vertébrés. Alain Prochiantz[3] considère même ce phénomène comme un élément majeur capable d'apporter une dimension supplémentaire à l'évolution[4].

DE NOUVEAUX NEURONES À L'ÂGE ADULTE

Centre vocal des oiseaux, bulbe olfactif et hippocampe des mammifères, autant de structures cérébrales qui produisent en permanence de nouvelles cellules nerveuses, et ce, quel que soit l'âge du sujet. Des recherches menées chez le poisson zèbre, le canari, la souris, mais aussi l'homme, émerge l'idée d'une nouvelle forme de plasticité cérébrale fondée sur l'existence d'une neurogenèse adulte. Une plasticité dont il reste encore beaucoup à découvrir, depuis les mécanismes qui la gouvernent jusqu'aux fonctions qu'elle exerce.

La découverte chez la souris adulte, en 1992, de cellules souches capables de donner naissance à des nouveaux neurones dans le cerveau adulte[5] a suscité d'immenses espoirs. Cependant, leur utilisation pour soigner les maladies neurologiques reste encore tributaire d'une meilleure compréhension de leur biologie intime. Toutefois, de grands pas ont d'ores et déjà été franchis. Récemment encore, on considérait le cerveau adulte comme un organe dépourvu de toute capacité régénératrice et condamné à perdre inéluctablement ses éléments les plus précieux : les neurones. Cette vision fixiste de l'organe cérébral s'est trouvée fortement ébranlée par la découverte de la capacité du cerveau adulte à produire de nouvelles cellules. Il y a une quarantaine d'années, Joseph Altman a proposé pour la première fois la possibilité d'une prolifération de cellules nerveuses chez le rat[6]. Curieusement, cette potentialité du cerveau des mammifères a suscité dans l'immédiat un intérêt plutôt limité. Ce désintérêt était renforcé par l'absence de preuve sur la nature neuronale des nouvelles cellules observées par Altman dans le cerveau. Il a fallu attendre les années 1980 pour que la notion de production neuronale soit réhabilitée par des recherches conduites sur le cerveau des canaris[7]. Ce volatile est depuis resté un modèle de référence à la pointe des recherches en neurobiologie. Rappelons que lorsque Fernando Nottebohm, professeur à l'Université Rockefeller de New York, a lancé dans les années

1970, un ambitieux programme visant à identifier les mécanismes neurologiques de l'apprentissage du chant de l'oiseau, il ne se doutait pas encore des surprises qui l'attendaient, et surtout de l'ampleur des remaniements morphologiques qu'il allait découvrir dans le cerveau de ses charmants canaris. Il a identifié tout d'abord les groupes de neurones impliqués dans l'apprentissage moteur et l'exécution du chant. Il a alors démontré que le système du chant comportait deux circuits placés sous le contrôle d'un noyau de neurones appelé « centre vocal supérieur ». D'un côté, une voie motrice qui contrôle l'exécution du chant, de l'autre, une boucle régulatrice qui intègre les informations auditives et permet à l'oiseau de comparer le chant qu'il exécute (en s'écoutant) au chant mémorisé.

L'une des plus grandes surprises de l'équipe new-yorkaise a été la découverte, en 1983, de l'intégration de nouveaux neurones dans le centre vocal du canari. Contre toute attente, les chercheurs découvraient l'existence d'un processus de renouvellement des cellules nerveuses, ceci quel que soit l'âge du sujet. Sous leurs yeux étonnés, les nouveaux neurones remplaçaient continuellement d'anciens qui avaient dégénéré. Ce renouvellement semblait spécifique, il concernait exclusivement une sous-population bien particulière des neurones du centre vocal, les neurones de la voie motrice. L'autre sous-population restait inchangée. Dès lors se posait la question de savoir quelle pouvait bien être la signification fonctionnelle de cette production spécifique de neurones. C'est alors que ces mêmes chercheurs ont montré qu'il existait un lien entre le rythme des saisons et l'intensité de la neurogenèse, puis entre la neurogenèse et le cycle annuel d'exécution et d'apprentissage du chant de séduction du mâle pour la femelle. Chez le canari mâle, ce chant de cour n'est effectué de façon stéréotypée et stable qu'au printemps. À la fin de l'été, l'oiseau cesse de chanter. Arrive ensuite, à l'automne, une période caractérisée par l'exécution de chants improvisés, puis, au sortir de l'hiver, une phase de réapprentissage. Au printemps, enfin, un nouveau chant se stabilise et diffère de celui de l'année précédente grâce à l'incorporation, la suppression ou la modification de certaines syllabes caractéristiques du chant. Or, fait remarquable, Nottebohm et ses collaborateurs détectent deux pics de mort des neurones dans le centre vocal : l'un en août et l'autre en janvier, soit deux périodes durant lesquelles le chant du canari perd sa stabilité et se dégrade. De façon remarquable, cette élévation de la mort cellulaire précède l'augmentation de l'incorporation de nouveaux neurones, maximale en octobre et en mars. Collectivement, ces observations éthologiques et morphologiques ont permis de dévoiler la relation qui relie l'acquisition de nouvelles syllabes au remplacement d'anciens neurones par de nouveaux.

Plus tard, les mêmes neurobiologistes ont trouvé l'explication de ces variations périodiques. Ils ont mis en évidence l'implication, dans ce processus, de la testostérone. Chez le canari, la production de cette hormone est régulée par la durée d'éclairement quotidien : elle augmente de façon très importante au printemps. Or la testostérone module l'expression d'un facteur qui permet aux neurones de survivre. Lorsqu'en automne la concentration de testostérone chute, l'expression de ce facteur de survie diminue et la mort neuronale augmente. Inversement, lorsqu'elle s'élève, au printemps, l'expression du facteur augmente et favorise la survie des neurones nouvellement produits. Le changement annuel du répertoire de chant répond donc étroitement aux changements de l'environnement saisonnier du canari qui régule la quantité de nouveaux neurones. Belle démonstration d'un cerveau taillé sur mesure pour séduire un congénère !

Quelques années après ces recherches effectuées sur le canari, lorsque les esprits eurent mûri, les premières preuves du renouvellement des neurones cérébraux à l'âge adulte ont été apportées respectivement chez les rongeurs, les primates non humains, puis chez l'homme. Un tel changement paradigmatique n'aurait certainement pas déplu à Thomas Kuhn[8].

À la manière de la peau, du foie, du système hématopoïétique ou immunitaire, on connaît aujourd'hui plusieurs structures cérébrales de mammifères capables de produire et d'accueillir en permanence des nouveaux neurones. Il s'agit de l'*hippocampe*, une structure clé pour la mémoire spatiale que nous avons déjà présentée au chapitre précédent, et du premier relais cérébral du système olfactif, le *bulbe olfactif*. Dans les deux cas, les neurones nouvellement formés ont pour origine une zone germinative formée de cellules souches neuronales, la zone subgranulaire du gyrus denté de l'hippocampe et la zone subventriculaire, une structure sous-corticale bordant les ventricules cérébraux situés vers l'avant du cerveau. Les cellules souches prolifèrent, migrent et se transforment en véritables neurones à la manière des étapes qui concourent à la construction du système nerveux de l'embryon. Plus récemment, des cellules souches ont été également identifiées dans le cortex associatif du macaque, une région importante pour la mise en mémoire du vécu, fondement de la pensée pour autant que l'on puisse donner un sens à ce que penser veut dire. S'il reste probable que les régions cérébrales concernées par la neurogenèse adulte soient associées à la mémorisation et à l'apprentissage, la question de la signification physiologique du renouvellement neural reste posée, nous y reviendrons.

Malgré l'intérêt croissant porté à l'étude de la neurogenèse adulte, beaucoup de questions restent encore en suspens. Comment l'intégration de nouveaux neurones dans un réseau mature peut-elle s'opérer sans altérer la stabilité des circuits préexistants et le maintien des traitements neuronaux ? La récapitulation de processus embryonnaires chez l'adulte reste une des hypothèses les plus communément admises. La neurogenèse – de l'embryon ou de l'adulte – dépend de processus cellulaires variés comme la prolifération, la migration, la différenciation et la mort cellulaire. Peut-on pour autant affirmer, comme certains, que les mécanismes de l'embryon sont semblables à ceux qui président chez l'adulte ?

Du fait de leur apport permanent en neurones, le système olfactif et l'hippocampe sont deux modèles adaptés pour tenter de répondre à cette question. Les travaux réalisés sur l'hippocampe indiquent que la neurogenèse adulte est en continuité avec le programme moléculaire et cellulaire qui régit la construction cérébrale durant l'embryogenèse. La situation du bulbe olfactif pourrait bien être différente. Chez l'embryon, les régions de production et d'intégration des neuroblastes bulbaires sont contiguës (c'est aussi le cas de l'hippocampe adulte) mais fortement distantes chez l'adulte. En conséquence, les facteurs moléculaires qui agissent localement en contrôlant les différentes étapes de prolifération, de maturation et d'intégration des futurs neurones, sont de natures différentes selon le stade considéré. Dans la mesure où ces facteurs génétiques et épigénétiques diffèrent, la neurogenèse chez l'embryon pourrait se révéler fort distincte de celle de l'adulte. Chez l'adulte, la faculté de produire de nouveaux neurones pour le bulbe olfactif pourrait relever de mécanismes uniques, adaptés au cerveau adulte.

L'existence d'une neurogenèse adulte[9] montre que les capacités d'adaptation du système nerveux ne résident pas seulement au niveau des variations de l'activité synaptique, ou des changements de forme des neurites. En échappant au déterminisme génétique, ces processus adaptatifs du cerveau adulte jouent un rôle crucial dans l'adéquation d'un individu à son milieu. Bien sûr, l'adaptation du sujet n'est pas indépendante de l'adaptation génétique puisque cette première dépend étroitement de stratégies développementales génétiquement programmées. Cependant, en permettant un meilleur rapport adaptatif de l'individu que les membres de l'espèce, la neurogenèse secondaire privilégie l'histoire de l'individu à la phylogenèse. Grâce au cerveau qui prend de plus en plus d'importance lors de la transition des invertébrés aux vertébrés, le champ des possibilités adaptatives privilégie progressivement l'histoire du sujet au détriment de celle de l'espèce. Les conséquences de cette plasticité cérébrale sur l'individuation sont évidentes : elles permettent à l'histoire d'un individu de s'inscrire sous la forme de remaniements morphologiques et fonctionnels permanents des réseaux neuronaux. Pour le dire autrement, le cerveau d'un sujet est capable de graver en son sein la chronique de sa vie, l'histoire de ses relations passionnées avec le monde.

Ces processus adaptatifs, issus de l'étroite intrication entre génétique de l'espèce et historique de l'individu, sont essentiels pour l'émergence des fonctions cognitives et comportementales[10]. Plus le sujet est stimulé, plus il développe des constructions épigénétiques variées. C'est vrai chez l'enfant, l'adolescent, mais aussi chez l'adulte grâce à la plasticité cérébrale. Au cours du développement, certaines périodes sensibles sont déterminantes pour l'acquisition d'une nouvelle fonction[11], cette dernière pouvant être perdue sans retour possible, selon les cas, si elle n'est pas exercée durant une fenêtre temporelle précise. Ces périodes d'« opportunité » constituent des phases où l'apprentissage est extrêmement efficace. Cependant, un apprentissage qui n'a pas eu lieu durant cette période peut être acquis ultérieurement, tout au long de la vie d'un sujet, mais il est simplement plus coûteux en temps et exige plus d'efforts.

Cette propriété du système nerveux est particulièrement marquée au cours des premiers âges de la vie. Pour les stimuli sensoriels, certaines expériences émotionnelles ou certaines fonctions cognitives complexes comme le calcul, la compréhension musicale, les périodes sensibles sont relativement courtes, couvrant quelques années chez l'homme. C'est vrai aussi pour les autres animaux. Ainsi, un chaton dont un œil est obturé durant une semaine perd la vision stéréoscopique. Dans ce cas, la presque totalité des cellules corticales n'est sensible qu'aux seuls influx transmis par l'œil resté ouvert. Chez les mammifères, cette aptitude du système nerveux durant les premières étapes du développement juvénile peut paraître singulière dans la mesure où les organismes sont faiblement exposés à l'environnement. D'autres compétences mentales comme la lecture ou l'acquisition du vocabulaire échappent à cette notion de phase critique en pouvant être apprises tout au long de la vie. Il existe en fait une catégorie d'apprentissage attendant de recevoir de l'expérience qui se caractérise par l'existence d'une période sensible. Cet apprentissage qui dépend étroitement de l'expérience est par conséquent non limité dans le temps. L'apprentissage de la vision ou des sons du langage appartient au premier type d'apprentissage. En revanche, l'acquisition d'un lexique ou l'apprentissage sémantique qui peuvent se poursuivre tout au long de la vie, appartient à la seconde catégorie[12]. Nous allons maintenant détailler un peu plus précisément cette période extrêmement sensible chez le jeune qui précède la pleine maturité de l'individu devenu adulte.

LA PLASTICITÉ JUVÉNILE

Pour certaines espèces, la période nécessaire pour atteindre la maturité est très courte. Les invertébrés, par exemple, développent au cours de leur très brève ontogénie, les traits phénotypiques caractéristiques retenus par les conditions de sélection qui se sont exercées à l'échelle phylogénétique sur l'espèce avant même l'existence du sujet. Cette rapide phase de développement représente là un avantage acquis puisqu'il permet au jeune animal de survivre plus efficacement dans un monde qui lui est hostile. Ainsi faut-il à peine dix jours après la naissance pour que la drosophile puisse déjà se reproduire. En revanche, d'autres espèces choisissent une stratégie inverse en privilégiant une longue période de développement. Dans ce cas, pour que quelques individus puissent survivre, un grand nombre de jeunes sont sacrifiés. L'autre voie de survie pour ces animaux à l'ontogenèse étendue consiste à recevoir des soins parentaux prolongés qui peuvent protéger les jeunes d'un environnement où les prédateurs de toutes sortes ne manquent pas. Chez les mammifères pour lesquels la durée nécessaire afin d'atteindre la maturité sexuelle peut nécessiter jusqu'à plusieurs décennies, c'est la seconde option qui est choisie. Cette période d'intenses échanges entre la nouvelle créature et ses parents offre au jeune de nombreuses confrontations avec son environnement qui pourra dès lors orienter et participer à son développement. Ainsi en va-t-il pour l'homme, qui reste durant les vingt premières années de sa vie un sujet fragile, tributaire de la cellule familiale, et dont le cerveau néoténique[13] – c'est-à-dire qui n'atteint que tardivement le stade adulte – est « nourri » par les interactions sociales[14]. L'ordre biologique s'efface alors devant l'ordre psychique, et la transmission sociale et culturelle devient primordiale pour le développement du cerveau. Des facteurs comme la diversité du régime alimentaire ou la complexité des soins parentaux apparaissent comme autant d'acteurs importants qui participent au modelage nerveux. Ce type d'ontogenèse flexible qui précède la maturité du cerveau se rencontre chez la plupart des espèces douées de plasticité phénotypique[15] importante. Cette plasticité juvénile n'a pas de délimitations temporelles précises. Si, selon la fonction concernée, la phase initiale de cette ontogenèse flexible reste toujours la même pour une espèce donnée, à l'instar du chaton qui n'entend qu'à partir du cinquième jour après sa naissance, et ouvre ses yeux précisément entre deux et quatre jours plus tard, la fin de cette période reste floue ; elle se prolonge parfois au-delà de la jeunesse.

L'existence d'une plasticité juvénile a conduit Jean Piaget, pionnier du développement cognitif, à suggérer que le développement intellectuel de l'enfant ne s'accomplirait pas progressivement mais par paliers dont les marches correspondraient aux différentes phases critiques de l'acquisition des facultés mentales. Selon l'âge de l'enfant, Piaget distingue quatre grandes étapes du développement de la cognition : un stade sensori-moteur (de la naissance à 2 ans), suivi d'une période préopératoire (de 2 à 7 ans), puis d'un stade des opérations concrètes (de 7 à 12 ans), pour terminer par le stade des opérations formelles ou hypothético-déductives (à partir de 12 ans). Chaque stade se caractérise par un plan de connaissance distinct et par le niveau de complexité des activités mentales. Chez *Homo sapiens*, la vieillesse serait une période de sénescence cognitive où ces mêmes capacités d'apprentissage sont diminuées, à l'inverse du sujet jeune où l'apprentissage est optimal durant ces quatre périodes. Dit autrement, il y a dans la trajectoire de vie d'un *Homo sapiens* des moments pour apprendre, puis d'autres pour retenir l'information acquise précédemment. Si la jeunesse se caractérise par une période durant laquelle le sujet apprend très vite et par conséquent peut faire preuve d'une grande innovation, les « vieux » sont les individus qui, par la stabilité de leur comportement, garantissent une cohésion sociale du groupe en apportant des références morales et sociales. Cette dichotomie, où apprentissage et stabilisation sont les deux piliers centraux de la mémoire, rappelle les lois qui régissent l'apprentissage automatique des robots dont se délecte l'intelligence artificielle quand elle cherche à développer des machines capables d'apprendre en se fondant sur l'expérience passée – discipline que l'on nomme *machine-learning*[16] en anglais. Cette science nous apprend qu'une machine ne peut apprendre que si les processus d'entraînement sont pondérés par des phases stabilisatrices qui permettent de catégoriser les stimuli, une étape indispensable pour que le stockage de l'information puisse se faire à long terme.

Tous les travaux chez les adolescents confirment que leur cerveau n'a pas encore atteint la pleine maturité. Si le cerveau d'un enfant de 10 ans représente déjà 90 % du volume de l'adulte, le chantier reste encore loin d'être achevé. L'imagerie cérébrale indique par exemple qu'il continue de croître jusqu'entre 20 et 30 ans ; ses neurones voient leur gaine de myéline les envelopper de plus en plus étroitement. Le cerveau adolescent subit aussi d'importantes modifications structurelles sous l'action des grandes poussées hormonales et cela même après la puberté. Une seconde vague de formation des synapses et d'élagage culmine à l'adolescence (entre 12 et 20 ans), après la première vague de l'enfance. Plusieurs zones sont particulièrement concernées par ces remaniements secondaires. La première concerne le striatum qui contribue à la régulation des systèmes désirants ; il sera responsable des conduites à risques des adolescents en quête de récompenses immédiates. La seconde concerne la région épiphysaire[17] qui sécrète la mélatonine permettant de synchroniser nos activités avec la lumière du jour. On le sait, l'adolescent qui produit de la mélatonine beaucoup plus tardivement dans la journée que le jeune ou l'adulte, présente de grandes difficultés à l'endormissement avant minuit. Enfin, le cortex préfrontal est aussi la cible privilégiée où peuvent s'exercer de grands remaniements des circuits de l'adolescent. Ce territoire avancé du cortex agit en effet comme un contrôleur capable d'anticiper, de planifier, d'évaluer sans cesse les alternatives possibles, de rendre conscientes les émotions négatives (avec le cortex préfrontal droit) ou positives (cortex préfrontal gauche) et d'assurer les fonctions exécutives[18]. Cependant, la fonction dominante de ce contrôleur zélé tient dans la remarquable inhibition qu'il est capable d'exercer. Il peut, si l'envie lui prend, stopper brutalement la programmation d'un mouvement avant même qu'il ne soit exécuté. C'est grâce à son action sur l'amygdale que nous pouvons refréner une joie ou refouler l'apparition d'une larme, en public. Le cortex préfrontal est donc le support même de l'*Homo* sociable qui, même devant la plus grande injustice, peut toujours garder son calme. Or, chez l'adolescent, cette région corticale reste encore immature ; elle n'est pas capable d'apporter la stabilité émotionnelle qui caractérise (en principe) l'adulte devenu sage, d'où des comportements instables, parfois à risques, chez certains adolescents.

Cette immaturité qui se caractérise par une grande instabilité des fonctions cognitives de l'adolescent pose d'ailleurs le problème de l'efficacité des sélections scolaires opérées au collège sur des sujets dont les capacités psychiques ne se ressemblent pas d'un mois à l'autre. Nous reviendrons aussi, au chapitre consacré au cerveau malade, sur la très grande vulnérabilité du cerveau adolescent à sombrer dans les maladies mentales ou les troubles de l'addiction. Aux États-Unis, plus de 1 % des jeunes enfants, 2 % des élèves de niveau primaire et environ 5 % des adolescents souffrent de troubles dépressifs, avec deux fois plus de filles que de garçons, les facteurs biologiques d'origine strictement organique étant certainement, comme pour tout ce qui concerne le cerveau, indémêlables des facteurs sociétaux.

LA PLASTICITÉ DES CONNEXIONS DU CERVEAU ADULTE

L'idée selon laquelle la perception du monde extérieur trouve sa représentation dans le cerveau sous une forme topographique (cartes cognitives) est relativement ancienne. L'interaction permanente du sujet avec son milieu est une exigence du monde vivant, car les organismes constituent ce que l'on nomme en thermodynamique des systèmes « ouverts » : ils ne subsistent que grâce à un flux constant de matière, d'énergie et d'information[19]. L'une des fonctions primordiales que doit donc remplir le cerveau est d'assurer l'analyse, le filtrage et l'intégration des afférences sensorielles pour construire une représentation mentale du monde extérieur adaptée aux performances spécifiques de l'animal.

Le cerveau peut exercer cette fonction car il est capable de représenter les traits généraux ou durables du monde grâce à une configuration plus ou moins stable de ses myriades de connexions synaptiques. Cette configuration de connexions soigneusement réglées, et susceptibles d'évoluer dans le temps, détermine la façon dont l'organe cérébral inscrit son environnement dans ses propres circuits. Cette représentation est contenue, en partie, dans la configuration particulière des cent mille milliards de connexions synaptiques de notre cerveau. C'est là une conséquence de la loi des grands nombres issue de l'encéphalisation, c'est-à-dire du regroupement des dizaines de milliards de neurones sous notre boîte crânienne. De cette société complexe de cellules nerveuses hautement interconnectées naît la faculté d'apprendre des tâches parfois difficiles. Ainsi les réseaux de neurones sont-ils capables de reconnaître une lettre, les traits particuliers d'un visage familier, un son, etc.

Or cette aptitude n'est pas innée car aucun référent biologique, comme l'ADN, ne pourrait suffire pour contenir toute l'information nécessaire à la construction de nos représentations mentales. La structure des réseaux de neurones provient donc en partie du jeu des contacts avec l'environnement et l'apprentissage reste indispensable à cette élaboration. Il peut se faire selon un double mécanisme : certaines connexions entre neurones sont établies de manière redondante et aléatoire, puis seules les connexions entre des neurones simultanément actifs sont conservées (principe de Hebb) ; c'est la phase de sélection qui s'accompagne de l'élimination de contacts plus faibles. Comme nous l'avons déjà souligné, Jean-Pierre Changeux et Antoine Danchin ont élaboré un modèle théorique d'évolution possible des connexions nerveuses selon l'âge et l'expérience d'un sujet. Ce modèle postule qu'il existe dans le jeune cerveau un très grand nombre de connexions, un même neurone ayant des contacts synaptiques avec des centaines voire des milliers d'autres neurones. Par la suite, sous l'effet du temps qui s'écoule et de l'expérience, seules les connexions fonctionnelles se stabilisent tandis que les autres dégénèrent[20].

La majorité des réseaux de neurones apprennent grâce à leur capacité à classer, à catégoriser, à généraliser, à mémoriser, mais aussi à oublier. Fort justement, Platon disait qu'apprendre, pour Socrate, c'était « se ressouvenir de ce que l'on a oublié ». Au cours de l'apprentissage et durant le développement de l'enfant, les connexions synaptiques sont ajustées selon les besoins pour donner naissance à des assemblées de neurones qui fonctionnent ensemble, sur une même tâche, et aux cartes fonctionnelles qui en dépendent. La démonstration que le cerveau adulte peut produire de nouvelles cellules nerveuses permet aujourd'hui d'entrevoir l'évolution des contours de ces cartes sous l'action de l'apprentissage.

Les réseaux de neurones sont donc des ensembles dynamiques susceptibles de s'adapter en fonction de l'activité et sous l'action de facteurs intercellulaires. La représentation topographique des perceptions sensorielles dans les structures corticales des mammifères est ainsi capable de se réorganiser en fonction des changements induits par l'environnement. Nombreuses sont aujourd'hui les preuves expérimentales indiquant que les neurones possèdent une structure et une fonction éminemment dynamiques qui les rendent susceptibles de s'adapter à tous changements, internes ou provenant de l'environnement du sujet[21]. Donald Hebb, dès 1949, suggérait que la maturation d'une voie nerveuse dépendait de la quantité d'information transitant par cette même voie. Depuis, plusieurs travaux ont validé, puis étendu, ce principe en montrant que des facteurs modulant l'environnement ou l'activité neuronale afférente pouvaient produire des modifications de l'organisation anatomique et fonctionnelle des voies nerveuses. Les récents travaux des neurobiologistes montrent que l'interaction entre l'activité électrique déclenchée depuis la périphérie et le programme génétique module significativement les propriétés essentielles des réseaux de neurones requises pour le codage de l'information sensorielle[22]. À cet égard, chaque individu reste unique.

L'OLFACTION OU LE PROTOTYPE DE L'ÉPIGENÈSE

L'intégralité du monde physique qui nous entoure ne nous est accessible que par l'intermédiaire de nos organes des sens. Longtemps, les philosophes se sont penchés sur les relations qui associent le monde extérieur à notre perception, autrement dit sur les rapports de la pensée à son objet. Différents courants de pensée se sont affrontés sur la question de savoir si la perception pouvait être comprise comme pure association de sensations élémentaires ou comme totalité organisée d'emblée. Il serait déplacé ici de rouvrir cette controverse. En revanche, nous pouvons remarquer que cette question philosophique s'ouvre aujourd'hui à la pratique expérimentale. Depuis qu'elle fait l'objet de recherches scientifiques conduites par les spécialistes du cerveau, les conjectures font place à l'expérimentation. Les psychologues et autres neurobiologistes qui souhaitent étudier le monde *réel* se placent, avant tout, d'un point de vue *subjectif*[23], et ce, au sens propre du terme, c'est-à-dire « qui relève du sujet », un être souffrant, aimant, un sujet passionné en somme.

La plupart des espèces animales doivent, pour survivre, adapter leurs stratégies de comportement aux variations qui surviennent dans leur environnement. Cette adaptation remarquable des comportements tire son origine de mécanismes, souvent complexes, qui interviennent au niveau des récepteurs sensoriels (où sont recueillies les informations brutes), au niveau intégratif (où sont filtrées, traitées et codées les informations provenant de différents capteurs) et enfin au niveau perceptuel (où sont formées les représentations mentales des informations reçues). Ces mécanismes, qui dépendent de récepteurs et de centres plus intégrés, permettent de déclencher des comportements fondamentaux pour le maintien de la vie et l'évolution des espèces, comme ceux liés à la reproduction, l'évitement du danger ou la recherche de nourriture. Ces réponses comportementales ont en commun d'être largement dépendantes de systèmes sensoriels dans lesquels l'olfaction joue un rôle essentiel, sinon vital.

L'olfaction forme l'avant-garde de la sensorialité du sujet[24]. Sentir se manifeste avec les premiers mouvements respiratoires du nouveau-né. Les voies de l'odorat dans le cerveau ne sont-elles pas les plus précocement ouvertes durant l'ontogenèse ? Cette précocité de l'olfaction permet au fœtus de reconnaître chimiquement la signature olfactive de la mère nourricière. À la naissance, l'odorat offre au nourrisson l'occasion d'une confrontation inaugurale avec le monde. Tous les comportements fondamentaux de l'espèce qui s'établiront au cours du développement du fœtus demeurent profondément associés aux signaux olfactifs. Plus tard, cet appareil sensoriel permet de reconnaître et sélectionner les aliments, de détecter des substances toxiques ou des nourritures avariées, d'assurer l'attraction et la reconnaissance des partenaires sexuels, l'établissement de liens parentaux et sociaux, si manifestes chez l'animal et encore très présents chez l'être humain.

La grande originalité du sens olfactif tient à sa capacité à renouveler certains de ses éléments les plus précieux, les neurones, dont la durée de vie ne dépasse guère quelques semaines. Ce renouvellement permanent est possible grâce à la présence de véritables cellules souches neurales[25] enfouies dans l'organe sensoriel (l'épithélium qui tapisse les parois de nos cavités nasales) ou dans les parties les plus profondes du cerveau : les ventricules latéraux. Dans ce contexte aussi dynamique, comment une rose continue-t-elle de sentir la rose si nos neurones olfactifs sont en perpétuel remplacement ? Et comment notre mémoire des odeurs est-elle si robuste si nos neurones meurent après avoir appris ? Car on le sait, l'odorat plus que tout autre sens a partie liée avec la mémoire[26]. Il suffit d'évoquer à ce propos le rôle des souvenirs olfactifs dans la genèse des comportements de base de l'espèce et de rappeler que les structures nerveuses qualifiées de « rhinencéphaliques[27] » sont au cœur des processus mnésiques de notre cerveau.

Pour essayer de comprendre le fonctionnement complexe et encore assez mystérieux du système olfactif, d'emblée, il est utile de distinguer deux niveaux d'organisation. Le premier se situe à la périphérie du système olfactif, dans l'épithélium qui recouvre les parois de nos cavités nasales. C'est l'organe sensoriel de l'odorat, le capteur chimique comme le nomment les ingénieurs. Là, les molécules odorantes viendront stimuler directement les neurones récepteurs.

Le second niveau concerne le bulbe olfactif, petite extension antéro-ventrale du paléocortex. Cette région du système nerveux central traite le signal sensoriel reçu des neurones récepteurs pour le transmettre au reste du cortex, et à d'autres régions sous-corticales, qui ensemble participeront à la perception et la reconnaissance des odeurs plus ou moins exquises. Or, fait rarissime chez l'adulte, ces deux régions, périphérique et centrale, sont directement concernées par la neurogenèse adulte[28] grâce à la présence de cellules particulières. Ces cellules, baptisées « cellules souches neurales », ont la propriété remarquable de pouvoir se transformer, après division, en n'importe quel autre type cellulaire. Dans le bulbe olfactif, ces cellules souches produisent des neurones et des cellules gliales (plus exactement les oligodendrocytes et les astrocytes[29]). Cette dynamique cellulaire pose *de facto* la question du rôle des nouvelles cellules dans le fonctionnement du cerveau mûr. Elle ouvre également de nouvelles perspectives cliniques en offrant des solutions originales pour la réparation des régions lésées. La présence de cellules souches neurales représente indubitablement un nouvel espoir de traitement de certaines pathologies neurologiques ou issues d'accidents vasculaires ou traumatiques, sur lequel nous reviendrons un peu plus tard.

Aujourd'hui, si on admet aisément que la neurogenèse du cerveau adulte contribue à l'ajustement progressif, et à long terme, du fonctionnement des circuits nerveux, de nombreuses questions restent encore posées : dans quelle mesure pouvons-nous distinguer, comparer ou regrouper la production neurale de l'embryon et celle de l'adulte ? Comment une cellule nerveuse nouvellement produite chez l'adulte migre-t-elle pour trouver sa cible ? Comment choisit-elle sa destinée ? Nous tenterons de répondre à quelques-unes de ces interrogations à partir des structures du système olfactif concernées par la neurogenèse adulte : l'organe sensoriel et le premier relais cérébral du système olfactif.

Cap avancé du visage, le nez est un admirable instrument de chimie. Dans les fosses nasales, on trouve une muqueuse dans laquelle des capteurs (ou neurones sensoriels) réagissent aux entités chimiques. Chez l'être humain, cet organe occupe une surface de 2 à 3 cm^2 sur les parois latérale et médiane du toit de la cavité nasale. Avec les neurones sensoriels, il contient aussi des cellules souches (appelées cellules basales) qui pourront, après division, produire de nouveaux neurones sensoriels. Parce que les récepteurs de l'épithélium olfactif sont directement tournés vers le monde extérieur, ces cellules nerveuses sont soumises aux nombreuses agressions de nombreux facteurs nocifs comme les agents infectieux ou les substances toxiques (métaux lourds, pesticides, etc.). Dans ces conditions d'adversité extrême, leur durée de vie se limite à quelques semaines. La présence des cellules souches[30] dans l'épithélium olfactif semble donc importante pour réparer l'organe sensoriel susceptible d'être fréquemment endommagé.

Quittons maintenant la périphérie pour entrer dans le cerveau et s'arrêter au niveau du bulbe olfactif. Dans ce cas, les nouvelles cellules sont produites à partir de la zone subventriculaire située sur les parois des ventricules latéraux, c'est-à-dire en plein cœur du cerveau. Les avancées récentes dans l'étude de l'architecture, de l'organisation et du fonctionnement de cette zone germinative, montrent que cette région particulière tire ses propriétés uniques de l'environnement local (cellulaire et moléculaire) dans lequel les cellules souches sont lovées. On nomme cet environnement particulier « niche », terme emprunté à l'écologie pour signifier l'importance des interactions entre les différents types cellulaires, les molécules membranaires, les substances solubles et autres matériels extra-cellulaires présents à proximité des cellules souches (dont l'ensemble constitue un véritable écosystème). Durant le développement, ces niches connaissent une existence temporaire chez l'embryon, mais perdurent chez l'adulte, sans que l'on connaisse vraiment les raisons de ce trait pédomorphique.

Pour atteindre le bulbe olfactif, les cellules issues des parois des ventricules latéraux doivent emprunter un courant de migration long de plusieurs centimètres chez l'homme. Le voyage dure plusieurs jours et permet aux nouvelles cellules d'acquérir leur statut de véritable neurone. L'ensemble des données récemment recueillies conduit à reconnaître deux attributs fondamentaux aux niches neurogéniques du cerveau adulte. D'une part, elles abritent un type de cellule gliale particulier (astrocyte) capable de quitter son état quiescent, environ tous les mois, pour se diviser rapidement (tous les jours), puis fournir des précurseurs de neurones. D'autre part, ces niches doivent remplir deux autres missions : constituer un environnement *permissif* à la division cellulaire, puis exercer une fonction *instructive* pour que le destin des nouveaux neurones soit adapté à la demande.

Notre équipe a montré que stimuler le cerveau facilitait la fabrication de nouveaux neurones. L'idée paraissait un peu saugrenue il y a encore quelques années. Et, pourtant, quelques semaines de stimulations cérébrales et physiques[31] suffisent pour que le cerveau de rongeurs multiplie par deux le taux de nouveaux neurones produits. Ces cellules fraîchement arrivées dans le bulbe olfactif sont chargées de traiter les informations sensorielles d'une façon différente de celle exercée par les autres neurones fabriqués chez l'embryon[32].

Dans le contexte postnatal, cette production neuronale semble permettre à l'expérience personnelle d'un sujet d'imprimer régulièrement sa marque au sein de ses circuits nerveux. Chez l'adulte, l'apport de nouveaux neurones pourrait accompagner certaines périodes particulières au cours desquelles la mémoire doit être renforcée. En somme, la genèse de nouvelles cellules nerveuses constituerait très probablement un mécanisme additionnel d'adaptation qui permettrait au sujet de se reconstruire en permanence, et ce, même bien au-delà des fameuses périodes critiques.

Pour autant, la fonction spécifique de la neurogenèse adulte reste particulièrement mystérieuse. On peut ainsi se demander comment des nouvelles cellules sont mises à contribution dans un système aussi dynamique qu'est le système olfactif, et quelles peuvent être leurs fonctions et les contextes dans lesquels ces nouvelles cellules s'expriment. S'il est certain que les régions cérébrales concernées par la neurogenèse adulte sont étroitement associées à la mémoire et à l'apprentissage, la question de la signification physiologique de ce renouvellement neural reste mystérieuse. Des observations réalisées à partir de souris mutantes montrent l'existence d'un déficit à discriminer deux odeurs semblables lorsque le recrutement des nouveaux neurones est interrompu[33]. À l'inverse, les animaux élevés dans un environnement sensoriel riche et renouvelé, présentent une mémoire olfactive plus développée et plus robuste que leurs congénères faiblement stimulés[34]. Une étude a également permis de mettre en évidence l'implication sociale de la neurogenèse adulte chez la souris[35]. Ces chercheurs ont montré que la production de nouveaux neurones dans le bulbe olfactif était stimulée après l'accouplement, durant la première semaine de gestation puis au cours de la première semaine de lactation. Cette augmentation de recrutement neuronale pourrait s'avérer importante pour les soins prodigués par les mères à leurs nouveau-nés. En quelque sorte, sous l'action de certaines hormones comme la prolactine, les nouveaux neurones arrivés dans le bulbe olfactif augmenteraient les comportements empathiques de la mère devenue prompte à répondre au moindre signal d'alarme de sa progéniture.

L'anthropologie de l'odorat révèle trois principales caractéristiques chez l'être humain : richesse des molécules reconnues par l'odorat (plus de dix mille molécules sont reconnues par notre système olfactif et jusqu'à quarante mille chez certains professionnels comme les créateurs de parfums ou les œnologues), déclenchement instantané d'émotions qualifiées d'agréables ou de désagréables selon l'odorant, et enfin, évocation très rapide de souvenirs et d'images. Les odeurs, avec leur vague contenu cognitif (il est souvent difficile d'attribuer un nom à une odeur) mais leur forte tonalité émotionnelle, restent pour les êtres humains le lien le plus direct avec l'identification des éléments qui nous entourent. À ces trois attributs, il convient aujourd'hui d'ajouter, comme nous venons de le voir, la possibilité qu'a le cerveau olfactif de produire et d'intégrer en permanence de nouvelles cellules nerveuses. Cette faculté, en tant que mécanisme extrême de plasticité fortement contrôlé par l'expérience personnelle et ses interactions avec son environnement, contribue aussi à l'individuation du sujet. Gageons que les recherches futures nous éclaireront sur les poids respectifs des différents mécanismes qui président à la construction de toute la complexité et la singularité d'un être humain.

CERVEAU MALADE, CERVEAU MAL FAIT

Chaque jour, près de 80 % de notre activité cérébrale dépendent de signaux visuels. Dès lors, comment cette activité est-elle affectée lorsque le système visuel fait défaut ? Dans ce cas, les neurologues observent que la zone de traitement de l'information visuelle, située dans le cortex occipital (aire visuelle primaire), reste toujours active car elle est « recyclée » par d'autres modalités sensorielles. Ces cas de piratage, pour reprendre un terme souvent associé à l'informatique depuis que le fret n'emprunte plus les voies maritimes, illustre le phénomène dit de « plasticité intermodale ». Selon ce principe, l'aveugle-né peut utiliser son cortex visuel qui a été recruté par le sens tactile ; ce dernier étant sollicité notamment par la lecture du braille. En utilisant la stimulation magnétique transcrânienne[36], des chercheurs ont montré que l'activation du cortex visuel occipital reste indispensable à la compréhension de la lecture en braille.

Chez d'autres personnes aveugles depuis l'enfance, c'est l'écoute musicale qui peut activer les neurones du cortex visuel. L'équipe dirigée par Maurice Ptito à l'École d'optométrie (Université de Montréal) cherche à tirer profit de ces formes de piratage. Elle a mis au point une prothèse visuelle qui utilise la langue comme on se sert des doigts pour le braille. Un dispositif hybride, visuo-tactile, transforme une image captée par une caméra numérique en stimulations électrotactiles décodées par la langue. Puisque la langue est l'organe le plus innervé du corps (voir l'homonculus sensoriel), l'information perçue par la langue produit une image avec une résolution cinq fois plus précise que celle obtenue par les stimulations de la peau.

Ces quelques exemples de réhabilitation montrent la plasticité des aires sensorielles primaires qui peuvent être détournées de leur affectation d'origine pour une autre modalité. Pour expliquer la nature de ces récupérations, des recherches ont été conduites chez les rongeurs. Ces expériences montrent que chez la souris dépourvue du sens visuel très tôt, des connexions directes sont établies entre le cortex visuel et les cortex auditif et tactile. Ces contacts sont bien sûr absents chez la souris dotée d'une vision efficace. L'ensemble de ces découvertes montre que les fonctions corticales sont donc plus proches de celles offertes par un couteau suisse que celles d'un ordinateur sortant flambant neuf de chez IBM.

QUAND LE CERVEAU S'APPROPRIE DES MEMBRES GREFFÉS

À partir de nombreux cas cliniques plus ou moins spectaculaires, la neurologie nous montre combien le cerveau adulte est capable de se reconfigurer en cas de situations, il est vrai, parfois extrêmes. Il en est ainsi dans les expériences de réalité virtuelle. Celles-ci ont permis de montrer que l'appropriation par le sujet de son propre corps peut être trompée. En 1998, Matthew Botvinick et Jonathan Cohen, respectivement de l'Université Carnegie Mellon et de l'Université de Pittsburgh, développent une méthode expérimentale pour montrer qu'il est possible de réajuster la conscience de l'unité spatiale du corps et de la psyché[37]. À l'aide d'un dispositif astucieux, ces deux chercheurs observent que des sujets peuvent s'attribuer une main en caoutchouc alors qu'elle ne leur appartient pas. Le protocole expérimental consiste à observer une main droite artificielle alors que leur propre main droite est masquée. Après s'être concentrés sur la main artificielle suffisamment longtemps, les sujets sont invités à indiquer quel est le doigt caressé par un pinceau que l'expérimentateur, placé en face d'eux, approche des deux mains ; l'une virtuelle et l'autre bien réelle. Le premier pinceau touche la main naturelle cachée au niveau du majeur tandis que le second caresse l'index de la main prosthétique. Le verdict est sans appel : irrémédiablement, les sujets interrogés sur la nature du doigt caressé répondent qu'il s'agit de l'index et non du majeur.

Le sens visuel influence donc notre toucher – voire le domine – et l'expérience que nous avons de notre corps n'est que l'expression d'une intégration multisensorielle. Quel bel exemple de piratage, ici par les voies visuelles, qui finissent par convaincre le sens tactile d'accepter un membre virtuel qui ne lui appartient pas ! De fait, ce résultat montre que l'expérience consciente que nous avons de notre corps (appropriation de l'unité corporelle) provient plus de notre accès à des aires multimodales situées au niveau du cortex pariétal droit principalement que de notre accès aux aires somato-sensorielles primaires.

Au passage, cette expérience indique aussi à quel point l'unité corporelle n'est pas immuable, comme en témoignent aussi les cas nombreux d'illusions de sortie du corps[38] lors d'une mort imminente. Ces illusions correspondent à une expérience corporelle extrême, déconcertante, qui, selon les cas et les sujets, se révèle être plaisante ou effrayante. L'illusion d'une sortie du corps se caractérise par l'impression de percevoir le monde selon une position élevée, désincarnée, et par l'impression de percevoir une image de son propre corps à l'extérieur des limites physiques[39]. Le fait de se sentir inscrit dans les limites physiques de son corps, et la capacité de percevoir le monde dans cette position très égocentrée[40], repose sur la convergence et l'intégration correcte des signaux vestibulaires[41] avec des informations visuelles et somesthésiques[42]. Dès lors que les informations sensorielles ne sont plus correctement intégrées, l'unité corporelle, c'est-à-dire l'unité ressentie entre le soi et le corps est interrompue[43]. L'expérience de Botvinick et Cohen montre qu'en cas de conflit multisensoriel portant sur le corps, c'est l'illusion visuelle qui l'emporte sur toutes les autres modalités sensorielles.

La participation du système vestibulaire à la perception de l'environnement et à l'autoattribution des parties du corps est illustrée par les cas cliniques où sont délivrées des stimulations électriques durant des interventions neurochirurgicales, par exemple chez des patients épileptiques rebelles aux traitements médicamenteux. On sait que des stimulations électriques de la jonction temporo-pariétale de faible intensité induisent d'intenses illusions vestibulaires, rotatoires, qui deviennent, à de plus fortes intensités de stimulation, des illusions de chute puis de sortie du corps, de désincarnation, qui disparaissent immédiatement avec l'arrêt des stimulations électriques.

Toutes ces manipulations de l'unité corporelle offrent une interprétation scientifique aux illusions de sortie du corps et autres sensations perçues durant l'expérience d'une mort imminente, longtemps reléguées dans le domaine du mysticisme.

MÉDITATION ET PLASTICITÉ CÉRÉBRALE

De nombreuses traditions contemplatives considèrent la méditation comme le résultat d'une activité cérébrale particulière. À l'inverse, existe-t-il une relation de causalité entre la pratique régulière de la méditation et l'activité cérébrale ? Le fait simplement de penser, de méditer ou de contempler peut-il modifier le câblage de notre cerveau ?

La plupart des scientifiques, férus de rationalisme, pensaient que la réponse était simple et, bien sûr, négative. Cependant, on voit, depuis quelques années, des chercheurs s'intéresser à ce problème, prouvant ainsi que cette question est loin d'être triviale et mérite au moins d'être posée. C'est dans cette mouvance que la Société des neurosciences américaines a invité le dalaï-lama à Washington, en 2005, dans le cadre de ses rencontres annuelles où l'un d'entre nous était également invité. L'objectif affiché de la visite du dalaï-lama était de promouvoir un débat fécond autour de la méditation et des connaissances contemporaines du fonctionnement cérébral. Pour le dalaï-lama, les neurosciences ont réalisé d'énormes progrès en matière de connaissance fondamentale depuis une trentaine d'années, surtout dans les domaines de la motivation, de l'attention et de la gestion des émotions. Il était donc temps de jeter un pont entre cette discipline scientifique et la méditation ou la contemplation[44]. La méditation, pense-t-il, n'est qu'un moyen technique pour améliorer l'attention et prendre pleinement le contrôle de ses états affectifs. Lors de sa conférence plénière, il déclarait : « Le rapprochement des neurosciences contemporaines et des disciplines méditatives, ou contemplatives, pourrait conduire un jour à la possibilité de comprendre l'impact de l'activité mentale intentionnelle sur le fonctionnement des circuits nerveux impliqués dans nombre de fonctions cognitives. »

En France, ce constat avait été déjà porté par Francisco Varela et son école rattachée à l'Inserm, qui avaient tenté un rapprochement entre les neurosciences, la phénoménologie et le bouddhisme. Il s'interrogeait, par exemple, sur ce que nous apprennent la science et le bouddhisme sur les illusions de la perception, du rêve, de la connaissance ou de la mémoire. En cherchant à comprendre quels rapports entretient la conscience avec le corps et le cerveau, et en quoi les recherches actuelles peuvent bouleverser toutes ces notions, F. Varela se posait la question, en définitive, de la nature de l'esprit selon la science moderne et l'expérience bouddhiste[45].

Force est de constater que ce rapprochement ne constitue plus un tabou aujourd'hui, comme en témoignent les recherches les plus récentes dans ce domaine. Dans le laboratoire du neurobiologiste Richard Davidson, basé à l'Université Harvard, des expériences ont été conduites pour identifier les changements d'activité cérébrale durant et après la méditation. Les tests ont porté sur une analyse électroencéphalographique d'un groupe de huit moines bouddhistes et d'un autre constitué de dix volontaires ayant accepté d'être entraînés à la méditation durant une semaine auparavant. L'entraînement consistait à méditer sur la compassion et l'amour. Deux des volontaires, et tous les moines, montrent une augmentation des oscillations du potentiel de champ mesuré à la surface de leur crâne (régime oscillatoire de type gamma, soit 70 à 100 hertz) durant la méditation. Dès qu'ils cessent de méditer, la production de ces oscillations revient très vite à sa valeur initiale chez les volontaires. En revanche, les moines montrent une activité oscillante de type gamma toujours aussi élevée après avoir cessé de méditer, et ceci durant plusieurs dizaines de minutes. Il faut souligner ici que ces mêmes moines étaient entraînés à méditer sur le sujet de la compassion depuis plus de dix mille heures. Autre différence notable durant la méditation : le régime gamma des oscillations est bien plus fort chez les moines pendant la méditation sur l'amour et la compassion que dans les mêmes régions cérébrales de tous les volontaires. Les résultats de Davidson ont été publiés dans les comptes rendus de l'Académie nationale des sciences des États-Unis, en 2004[46]. Ils illustrent une autre facette, encore trop peu étudiée, de la plasticité cérébrale déclenchée par la pensée ou la méditation.

Un autre exemple de ce nouvel engouement peut être tiré des travaux de Jon Kabat-Zinn, au Center for Mindfulness in Medicine de Worcester, aux États-Unis. Ce médecin s'intéresse au mécanisme de réduction du stress fondé sur la pleine conscience (*mindfulness-based stress reduction*, MBSR). Son laboratoire étudie la MBSR dans le contexte de longues maladies accompagnées de douleurs chroniques. Ces chercheurs ont montré comment la méditation pouvait inactiver des circuits nerveux autoréférents du cerveau sollicités par de fortes douleurs. En même temps, ce travail contribue à mieux comprendre les relations qui régissent l'interface corps-psyché[47].

On pourra enfin mentionner comme dernier exemple les travaux employant l'imagerie par résonance magnétique nucléaire fonctionnelle (IRMf) sur des pratiquants bouddhistes, adeptes de la technique dite de compassion universelle et d'amour inconditionnel. Ces recherches montrent le rôle important d'une structure cérébrale nommée l'insula[48] impliquée dans la sensibilité des viscères profonds nommée perception intéroceptive[49]. C'est grâce à cette structure que nous percevons nos sensations corporelles, que nous restons informés sur l'état de nos viscères et, dès lors, du niveau de notre stress et de nos humeurs. Or le volume de cette structure est corrélé directement au nombre d'heures de pratique méditative.

Il est probable que ces connaissances puissent un jour permettre des applications dans des domaines de la clinique humaine comme les déficits d'attention ou les problèmes d'anxiété. Aux États-Unis, on dénombre déjà plus de deux cents hôpitaux où la méditation est quotidiennement pratiquée comme palliatif aux traitements pharmacologiques, pour gérer l'anxiété des patients en phases terminales de cancer. Il est donc temps que les neurosciences commencent à lever les mystères des pratiques méditatives sur le fonctionnement cérébral.

LA PLASTICITÉ D'*HOMO CULTIORUS*

Et si toutes les formes de plasticité cérébrale que nous venons de décrire n'existaient qu'à cause de la culture ? Pour le neuropsychologue canadien Merlin Wilfred Donald, installé à l'Université de Case Western Reserve, dans l'Ohio aux États-Unis, appartenir à une culture, communiquer à l'aide d'une même langue, c'est faire partie d'un réseau de connaissances et d'interprétations collectives, autrement dit faire partie d'une *communauté cognitive*. Or la pensée symbolique et le langage sont fondamentalement des phénomènes de réseau qui n'existent que grâce à l'interconnexion et la régulation de l'activité mentale entre plusieurs cerveaux[50].

En réalité, à partir des principales observations provenant de l'anthropologie, de la neuropsychologie, de la primatologie et de l'archéologie, Merlin W. Donald cherche à établir une théorie générale des origines de la cognition humaine et leurs influences sur l'appareil cognitif de l'homme moderne. Ses travaux nous donnent matière à réfléchir : « Les êtres humains possèdent un cerveau éminemment malléable. Un cerveau humain en cours de développement est une sorte de boule de neige qui capture tout à son passage. [...] Mais notre "superplasticité" n'aurait aucune fonction adaptative si nous n'étions pas à la fois des sujets évoluant dans une société culturellement imprévisible[51]. » Selon son point de vue, pour la plupart des espèces, une « superplasticité » serait un handicap puisque cette aptitude conduit le sujet vers l'instabilité. Il se pourrait qu'un cerveau « superfaçonnable » soit, au bout du compte, une faiblesse qui n'apporte aucun avantage adaptatif si le sujet évolue dans un monde stable et prévisible, à l'inverse de celui d'*Homo sapiens*. En revanche, l'espace créatif, culturel, produit de l'activité mentale humaine serait le véritable moteur de la plasticité cérébrale. Dans ce cadre, le changement n'est plus d'ordre biologique mais plutôt relayé par le produit de la culture. Comme l'indiquait déjà Edgar Morin en 1973, « là où l'on voyait *Homo sapiens* se dégager d'un bond majestueux de la nature et produire, de sa belle intelligence, la technique, le langage, la société, la culture, on voit au contraire la nature, la société, l'intelligence, la technique, le langage et la culture coproduire *Homo sapiens* au cours d'un processus de quelques millions d'années[52] ».

CHAPITRE 4

Le cerveau réparé

« Parle à mon cul, ma tête est malade. »

Dicton populaire.

C'est une tête d'un nouveau style qui, nous l'avons vu, caractérise le mieux les vertébrés. Notre famille a toutes les raisons d'en être fière et de la protéger tantôt d'un chapeau contre les morsures du soleil, tantôt de cornes et autres défenses contre les adversaires qui s'en prennent à elle. C'est elle, en effet, qui est visée en premier dans les combats ; triste privilège qu'elle partage avec le cœur, lui aussi indispensable à la vie.

Le démon de la curiosité habite l'espèce humaine et on conçoit facilement que l'homme ait, depuis ses origines, cherché à savoir ce que contenait cette fameuse caboche qui sonne creux et se brise quand on lui tape dessus. Bien avant les civilisations antiques, les hommes préhistoriques ont pratiqué des trépanations dont la signification reste sujette à interprétation. La pierre de Rosette de la découverte du cerveau consiste en deux documents illustres : le papyrus Edwin Smith et le papyrus Ebers. Dans les deux cas, il s'agit des premiers traités médicaux rapportant des observations cliniques de troubles liés à des blessures du cerveau et à leurs tentatives de corrections par la chirurgie.

Cependant, la description du cerveau abîmé n'a, jusqu'à la Renaissance, pas plus avancé que celle de sa morphologie et de sa structure intérieure. Les spécialistes de l'histoire de la neurologie sont néanmoins diserts. À la suite des cas décrits par Hippocrate ou Galien, les médecins grecs puis les médecins arabes ont dépeint les épilepsies, les paralysies ou les folies qui accompagnaient des lésions localisées du cerveau. Les champs de bataille étaient de merveilleux champs d'observation. Les barbiers étaient parfois d'habiles trépanateurs et leveurs d'embarrures. Ambroise Paré a été leur maître légendaire. Quant à Napoléon, il a su être également un généreux pourvoyeur de têtes blessées. Le XIXe siècle a bouleversé la science du cerveau avec la naissance de la méthode anatomo-clinique qui s'est poursuivie pendant tout le XXe siècle.

Cette démarche inaugurée par Broca consiste à rapprocher l'étude de la lésion du cerveau – sa localisation, son étendue, sa profondeur – des symptômes présentés par le malade. Un accord s'est établi sur le fait que le cerveau est le siège de nos facultés animales et intellectuelles – sans trop s'embarrasser de l'âme jalousement préservée dans les greniers de l'esprit – et leur gardien. La question : « Esprit es-tu là ? » a aujourd'hui perdu de son intérêt au profit des faiseurs d'algorithmes. La tête, elle, n'a rien laissé de son prestige, et c'est bien à elle avec sa face et son regard si expressif qu'il convient de s'adresser lorsqu'il s'agit de faire un homme élevé, selon les préceptes de Montaigne[1] : « Je voudrais aussi qu'on fût soigneux de lui choisir un conducteur [précepte] qui eût plutôt la tête bien faite que bien pleine. »

Avant d'aborder le cerveau malade, nous souhaitons éviter un embarras majeur qui brouille obstinément l'approche du malade. Celui-ci relève-t-il de la psychiatrie ou de la neurologie ? Nous touchons là le fameux *mind-body problem*, qui relève autant de la psychologie populaire que de la métaphysique la plus ardue, et les spécialistes qui la pratiquent sont souvent les premiers à ne pas comprendre. Un des résultats de Mai 68 en France a d'ailleurs été le divorce entre deux disciplines, la neurologie et la psychiatrie : la première avec ses bataillons de radiologues et de biochimistes, la seconde avec ses psychothérapeutes de toutes obédiences et ses armadas querelleuses de psychanalystes à la bouche d'or. L'époque actuelle est à la réconciliation, mais l'explosion de nos connaissances sur le cerveau ne paraît pas avoir réglé la question des rapports éventuels de la psychiatrie avec le système nerveux central ou plus exactement ce que l'on estime connaître de la structure et du fonctionnement de l'encéphale avec ce que l'on croit savoir de l'étude des maladies mentales. La formulation la plus triviale – pas seulement dans le public peu averti – consiste toujours à demander « si les causes des troubles mentaux sont organiques ou non ». Les références ne peuvent s'appliquer qu'à l'affirmation péremptoire ou au déni.

Dans son essai sur le cerveau, Georges Lantéri-Laura[2] fait parler la voix du bon sens : « Pour ne pas rester dans cette impasse, remarquons d'abord une naïveté qui risque de se révéler bien nuisible. Quand on se demande si la psychiatrie renvoie à une pathologie psychique ou à une pathologie organique, on laisse de côté l'évidence assez peu récusable que toute la vie psychique, aussi bien consciente qu'inconsciente, aussi bien intellectuelle qu'affective, et ainsi du reste, fonctionne grâce au système nerveux central et, en particulier, à l'encéphale, et, dans l'encéphale, au cortex. Quelle qu'apparaisse la subtilité effective d'un raisonnement ou la délicatesse vive d'une passion, celle-ci n'existerait pas sans le cerveau, à moins de soutenir avec rigueur un angélisme, qui, certes, ne semble pas contradictoire, mais qui ignore tout un acquis clinique et expérimental malaisé à révoquer. C'est dire, bien simplement, que l'état actuel des connaissances nous fait estimer que toute expérience vécue de raisonnement, de sentiment, d'imagination, et ainsi de suite, se trouve sous-tendue par une activité cérébrale, même si nous n'avons pas de nombreuses informations concrètes à cet égard. Nous nous estimons assez byzantins pour voir dans l'angélisme une théorisation rationnelle, mais nous la tenons. »

Ce problème nous ramène à celui que nous avons évoqué au début de cet ouvrage : l'« âme », passager clandestin si envahissant de notre cerveau. Rappelons à ce propos la phrase du psychiatre suisse Auguste Forel[3] : « L'âme et l'activité du cerveau vivant sont une même chose. » Selon que l'on choisit d'être un médecin de l'âme ou du corps, c'est toujours une chair meurtrie que l'on soigne.

DES STATISTIQUES PEU RÉJOUISSANTES

En Europe, où on compte sept cent quarante-cinq millions d'habitants, près d'un quart de la population a plus de 65 ans. Pour les autorités publiques, le vieillissement de la population serait la cause de l'élévation des cas de démences séniles et préséniles. Nous verrons que l'âge n'est pas tout, le cerveau est sensible à d'autres facteurs beaucoup plus nuisibles, comme l'ennui ou les troubles de l'humeur. Cependant, en plus des enjeux de santé publique évidents, les maladies neurologiques posent des problèmes socio-économiques majeurs. Selon l'Organisation mondiale de la santé, les dysfonctionnements cérébraux sont à l'origine de 40 % des dépenses européennes en matière de santé publique. En Europe, on dénombre déjà six millions de personnes atteintes de la maladie d'Alzheimer, un million et demi de parkinsoniens, deux millions souffrant des conséquences d'un accident vasculaire cérébral et, enfin, deux millions et demi d'épileptiques. Au total, ces maladies coûteraient plus de 300 milliards par an.

La situation n'est guère plus réjouissante sur le plan des maladies mentales. En Europe, elles représentent les premières causes de décès chez les 25-35 ans ; un adulte sur quatre est, a été ou sera atteint au cours de sa vie de troubles mentaux. Plusieurs dizaines de millions de personnes souffrent de troubles de l'humeur (dépressions, angoisses) et cinq millions sont atteintes de psychoses (délires, schizophrénie, etc.[4]). Devant ces chiffres, force est de constater que notre société reste incapable d'appréhender ce problème autrement que par l'enfermement ou les psychotropes prescrits en masse. Pourtant, cela n'a pas toujours été le cas. Pour les sociétés premières, la folie présentait souvent un caractère sacré. Les temps ont bien changé depuis qu'Hérode disait de Jésus : « Puisque c'est un fou, il n'a pas à être jugé. » Les juges utilisent parfois le même aphorisme appuyé par le code civil.

Depuis que les scientifiques ont cessé d'appréhender le cerveau comme une boîte noire, il y a de cela une cinquantaine d'années, on commence à mieux connaître la nature des dérèglements responsables des maladies neurologiques ou mentales. Cette connaissance acquise un peu tardivement permet aujourd'hui d'agir de manière plus sélective sur les dysfonctionnements cérébraux. Nous aborderons ici le cas du cerveau vieillissant, celui qui subit les affres des maladies neurologiques ou des affections mentales plongeant le malade dans les ténèbres dont on ne sait encore s'il s'agit d'un purgatoire ou d'un enfer.

LE CERVEAU ÂGÉ

Contrairement au mythe qui consiste à croire que le cerveau adulte perd environ cent mille neurones par jour, chiffre susceptible d'augmenter avec la prise d'alcool ou le tabagisme, nous savons aujourd'hui que le nombre total de neurones ne dépend pas tant de l'âge d'un sujet que de la nature de ses neurones[5] (certains « gros » qui ont des projections à distance se transforment avec le temps en plus « petits » neurones locaux). Comme le cerveau de l'enfant âgé de 9 à 10 ans atteint déjà 90 % de sa taille finale, on a longtemps cru qu'après cette limite, les capacités évolutives de cet organe restaient limitées. Pourtant, on a découvert que le cerveau adulte (de 20 à 80 ans) reste le siège de changements structurels et fonctionnels permanents. En revanche, il est certain que les facultés mentales déclinent avec l'âge, dès lors que les circuits nerveux cessent d'être stimulés par la nouveauté et l'émerveillement. Selon ce principe, la maxime : « On n'apprend pas à un vieux singe à faire la grimace » pourrait se transformer en : « Si le vieux singe n'apprend plus à faire des grimaces, il les oubliera toutes. »

Bien sûr, toutes les fonctions cognitives ne subissent pas de la même façon les effets dévastateurs du temps. Si des opérations mentales, comme la rotation mentale d'un objet dans l'espace, le calcul, la mémorisation ou la lecture, déclinent avec l'âge, c'est l'inverse qui se produit pour d'autres facultés mentales comme l'enrichissement du vocabulaire[6]. Des études par échantillonnage aléatoire menées dans la population française ou lors d'analyses d'une même cohorte suivie dans le temps montrent que certaines fonctions perceptuelles et cognitives se dégradent avec l'âge, tandis que d'autres restent stables, voire continuent de s'améliorer[7]. En général, on considère que ce sont les fonctions exécutives qui sont les premières à péricliter avec l'âge. Depuis quelques années, on découvre (ou redécouvre) qu'une remise en forme physique et une rééducation de l'apprentissage contribuent à ralentir les effets néfastes du temps sur le cerveau. En l'absence de stimulations mentales, l'hyperactif qui se voit dans l'obligation de cesser toute activité professionnelle, pour des raisons de limite d'âge légale, sera très certainement confronté, tôt ou tard, à des déficiences cognitives liées à l'arrêt brutal de ses activités intellectuelles.

C'est un fait, puisque nous vivons plus longtemps[8], il nous faudra nous accoutumer à connaître de plus en plus de personnes aux facultés mentales déclinantes, voire démentes, car la société moderne ne sait plus s'occuper des cerveaux âgés qui, dès lors, s'ennuient et préfèrent entrer dans la maladie. Cette injustice a des conséquences multiples. Elle prive non seulement la personne malade de son identité, mais, en retour, elle retire à la société le savoir des anciens accumulé au fil du temps, voire leur sagesse.

LES DÉMENCES ET AUTRES PATHOLOGIES MENTALES

La dégénérescence des neurones (ou neurodégénérescence) est le produit d'une mort cellulaire plus ou moins rapide et souvent sélective (par exemple des neurones à dopamine dans le cas de la maladie de Parkinson). La vitesse de la « mort cellulaire » dépend elle-même des processus engagés. Lorsqu'un tissu est endommagé par un trauma, les cellules meurent selon un processus rapide que les spécialistes nomment *nécrose*. En revanche, sans condition accidentelle, la cellule peut choisir le suicide pour mourir. Dans ce cas, elle active un programme génétiquement défini, c'est l'*apoptose*. En réalité, la plupart de nos neurones meurent très peu. Cependant, lorsqu'une maladie neurodégénérative se déclare, la mort cellulaire s'accélère, à l'instar du cerveau parkinsonien où l'on distingue trois catégories de neurones : des neurones sains mais vieillissants, des neurones qui meurent en quelques jours par apoptose et surtout des neurones en état d'affaiblissement pathologique qui meurent lentement en plusieurs mois. Pour combattre l'évolution de cette maladie, faut-il attaquer le vieillissement normal, la mort programmée ou la mort lente pathologique ? Un grand nombre d'équipes de recherche a choisi de ralentir l'apoptose. Il s'agit là probablement d'une erreur stratégique, puisque celle-ci ne concerne qu'une infime fraction de la mort cellulaire, au moins chez les parkinsoniens.

Parce que les circuits nerveux impliqués dans la motricité sont bien identifiés, les symptômes qui accompagnent la maladie de Parkinson peuvent être traités de façon spécifique, en dehors des traitements qui visent à ralentir l'apoptose. L'administration de dopamine ou ses analogues est une stratégie thérapeutique possible. Toutefois, lorsqu'une personne reçoit de la dopamine, les mouvements lents qui caractérisent la maladie font place à une frénésie, c'est l'hyperkinésie. Pour éviter ces complications, d'autres stratégies plus récentes ont été choisies. Elles consistent à intervenir directement à l'endroit défectueux. Par exemple, des électrodes en métal reliées à un pacemaker peuvent être implantées dans une structure très profonde du cerveau, large de quelques millimètres, qu'on appelle le noyau subthalamique. Là, elles délivrent des impulsions électriques qui stimulent les circuits altérés par la maladie. Cette approche permet aux parkinsoniens de retrouver des mouvements normaux, coordonnés. Même si cette technique n'est pas encore appliquée à très grande échelle (environ 5 % des cas de maladie de Parkinson bénéficient d'une implantation d'électrodes), elle constitue néanmoins une avancée scientifique indéniable.

La thérapie génique est une alternative récente à l'utilisation d'électrodes stimulantes. Cette méthode vise à remplacer un gène défectueux. Elle peut se décliner sous la forme du remplacement d'un gène, à l'aide d'un vecteur particulier[9] qui, une fois introduit dans le cerveau, peut délivrer directement le gène en question à l'intérieur des neurones. Elle peut aussi consister à modifier préalablement des cellules en culture avant de les introduire sous forme de greffes. Même si l'ensemble de ces approches reste très satisfaisant sur un plan théorique, il nous faut souligner ici la grande difficulté qu'on éprouve à les maîtriser techniquement, en raison de l'immense diversité des neurones du cerveau. Des années de recherche seront encore nécessaires avant que la médecine puisse un jour bénéficier, sans risque, des progrès de la thérapie génique et cellulaire en matière de réparation cérébrale.

Que savons-nous actuellement d'une autre pathologie aussi invalidante que populaire, la maladie d'Alzheimer ? Nous dirons d'emblée qu'il s'agit de l'affection neurologique la plus répandue (huit cent mille personnes en France), caractérisée par la perte irréversible de certains neurones conduisant la personne atteinte vers la démence. Les pathologies neurologiques associées à cette maladie sont la conséquence d'une accumulation de plaques (dites séniles) que le cerveau ne peut (ou ne sait) plus éliminer. À cette accumulation de plaques, il convient d'ajouter la perte de neurones liée aux amas d'une protéine appelée tau, qui s'accumule à l'intérieur des neurones. Selon les partisans de cette seconde hypothèse, la cause du mal provient de l'action de la protéine tau associée à la dégénérescence neurofibrillaire[10] qui causeraient la mort des neurones. Une troisième théorie, beaucoup moins partagée dans la communauté scientifique, suppose que la maladie surgit lorsque le zinc et le cuivre s'accumulent dans le cerveau en conséquence d'effets néfastes de notre environnement. Bien que ces trois hypothèses soient présentées de façon contradictoire, il est possible que la maladie soit le résultat d'une combinaison de tous ces mécanismes.

Le premier territoire touché par la maladie est l'hippocampe, une région du système limbique, ainsi nommée en raison de sa forme, indispensable pour former une mémoire à court terme dont le contenu est très vite transféré vers le cortex, lieu de stockage à plus long terme. Par la suite, la maladie s'étend aux structures voisines pour s'attaquer aux régions responsables de l'humeur et des émotions et se traduire par l'apparition d'épisodes où le patient est fortement agité et confus. Le diagnostic n'est pas facile car, à ses débuts, la maladie peut être confondue avec une perte des fonctions cognitives liée au vieillissement. Pour établir un diagnostic plus précis, capable de lever toute ambiguïté, deux approches sont possibles. Des examens cliniques qui visent à évaluer le degré d'attention peuvent détecter des signes précoces. Ces tests reposent sur des mesures de potentiels évoqués ou des enregistrements en tomographie par émission de positons ou encore par résonance magnétique fonctionnelle. Une seconde approche, radicalement différente, consiste à identifier les gènes d'un sujet. On connaît maintenant quelques déterminants génétiques de la maladie[11]. Parmi ces gènes, ApoE4 est le facteur à risque le plus élevé, lorsqu'il a muté. Ce gène régule précisément la production d'une protéine qui facilite le transport du cholestérol et des autres matières grasses véhiculées dans le sang. La présence du gène ApoE4 indique qu'un sujet présente une plus grande susceptibilité de développer la maladie d'Alzheimer. Quinze années après cette première découverte, trois nouveaux gènes, *PICALM*, *CLU* et *CR1*, ont été identifiés. En avril 2011, cinq autres facteurs supplémentaires de prédisposition génétique (*ABCA7*, *MS4A*, *EPHA1*, *CD2AP* et *CD33*) étaient associés à la maladie.

L'ensemble de ces avancées en génétique humaine offre plusieurs atouts. Il permet d'approfondir les connaissances des mécanismes pathologiques déclenchant la maladie, de renforcer les liens entre la maladie d'Alzheimer et le risque cardio-vasculaire, et enfin d'identifier de nouveaux facteurs de risque liés à l'âge. Cependant, la présence d'un de ces gènes est une indication, jamais une certitude. Seul l'examen diagnostique rétrospectif, effectué de façon *post mortem*, permet aujourd'hui de confirmer ou non le véritable statut du malade[12].

Nous l'avons déjà souligné maintes fois dans cet ouvrage, le cerveau adulte est un organe doté d'une grande plasticité. Cette faculté intrinsèque qui s'exprime tout au long de la vie décline plus rapidement avec l'âge en cas de jachère intellectuelle. Autrement dit, plus les personnes âgées sont sollicitées mentalement et plus grandes sont leurs chances de retarder l'apparition de la maladie. Fort de ce constat, une équipe japonaise a mis au point une méthode nommée *learning therapy*, qui consiste à combattre la démence sénile par l'utilisation de dispositifs centrés sur la lecture à haute voix combinée au calcul mental[13]. Le but affiché n'est rien moins que de maintenir alerte le fonctionnement cérébral des personnes âgées en palliant les déficits sensoriels et attentifs. Les résultats semblent être au rendez-vous. Nul doute que l'enrichissement environnemental constitue un complément efficace aux côtés des thérapies jugées plus classiques.

LES MALADIES DE LA PSYCHÉ

La question de l'identification de l'origine des troubles mentaux n'est pas aisée et cette difficulté n'est pas nouvelle. On trouve dans la littérature des preuves montrant que cette question est ancienne. Dès la Grèce antique, les poèmes d'Homère parlent déjà de la folie comme d'une punition des dieux quand ils se sentent offensés. C'est toutefois avec Hippocrate et sa théorie des tempéraments (théorie humorale) que l'on trouve la première véritable classification des affections mentales, comme la manie, la mélancolie[14], la paranoïa et l'épilepsie. Selon lui, ces pathologies mentales seraient à rapprocher des traits du comportement humain que sont les tempéraments sanguin, colérique, flegmatique et mélancolique.

Pendant les siècles qui ont suivi l'énoncé de cette théorie, les causes des désordres mentaux sont restées inconnues et les symptômes mal définis, ce qui rendait leur diagnostic difficile. Le XXe siècle a connu l'affrontement de deux écoles de pensée : celle qui défend la thèse psychodynamique ou psychanalytique (elle-même divisée en différents courants) et l'autre thèse, organiciste et localisatrice, qui tente d'expliquer et de traiter la maladie mentale au regard des découvertes neurobiologiques, psychopharmacologiques et génétiques[15]. Aujourd'hui, le modèle qui prévaut pour toute prise en charge d'un trouble mental tente de réconcilier ces deux tendances. La prise en charge biologique, qui est le plus souvent médicamenteuse, mais pas uniquement (voir le chapitre suivant), s'accompagne d'un suivi psychothérapique.

Les neuropsychiatres du monde entier s'associent désormais pour répertorier les critères diagnostiques de ces maladies dans un manuel de référence : le *Diagnostic and Statistical Manual of Mental Disorders* (*DSM*) dont la cinquième édition est en préparation[16]. Quinze ans après sa dernière révision, ce manuel reste une base consensuelle pour les psychiatres. Les connaissances récentes restent à l'origine de cette remise à jour. L'objectif avoué est de donner une nouvelle dimension au diagnostic des maladies mentales. Jusqu'alors, il s'agissait d'établir des catégories précises aux propriétés clairement définies et aux frontières franches. Or nombre de pathologies mentales résistaient à cette catégorisation. Les psychiatres ont donc choisi une approche pluridimensionnelle visant à établir des échelles de degré permettant de définir des catégories cliniquement homogènes. Derrière cette démarche, l'espoir est de pouvoir identifier plus facilement les mécanismes physiopathologiques déclenchant les affections psychiatriques. Par exemple, la prise en compte du nombre d'épisodes ou bien la nature du dernier d'entre eux (dépressif, maniaque ou hypomaniaque par exemple) permettent de définir des formes cliniques différentes de la dépression.

L'avènement de la biologie moléculaire et de la génétique des comportements a permis de réaliser de grandes avancées en matière de santé mentale. On a aujourd'hui identifié certains gènes impliqués dans la transmission de la vulnérabilité génétique à la dépression, à la schizophrénie ou à l'autisme. Des études familiales, menées sur des jumeaux et des enfants adoptés montrent le rôle déterminant que jouent les facteurs génétiques dans la transmission de certaines maladies psychiatriques. Pour l'autisme par exemple, le risque que les deux individus soient atteints chez les vrais jumeaux est cinq à dix fois plus élevé que chez les faux jumeaux et le risque d'être soi-même atteint lorsqu'on a un frère ou une sœur touchés est dix à cinquante fois plus élevé que celui de la population générale. L'arsenal thérapeutique futur en matière de traitement des maladies psychiatriques devrait pouvoir évoluer vers une individualisation thérapeutique. Analyser le bagage génétique d'un patient pour lui fournir une médication optimale : tel est le champ des possibilités qu'offre aujourd'hui la médecine personnalisée à la psychiatrie de demain, « progrès » scientifiques qu'Aldous Huxley ou George Orwell n'auraient peut-être pas désavoués.

QUAND LE CERVEAU S'APPROPRIE UN MEMBRE PERDU

L'organisation anatomique du cortex sensoriel ou moteur se décrit en termes de territoire. Les organes sensoriels se projettent sur des régions précises du cerveau que l'on nomme les aires corticales primaires (voir chapitre 2). Sur ces régions, des cartographies précises du corps ont été identifiées en déplaçant, lors de stimulations appropriées de la peau, une électrode d'enregistrement à la surface du cortex. Toute la surface du corps se trouve représentée à la surface du cerveau. Cette représentation n'est pas fidèle à la réalité physique. Selon le principe d'une projection déformée de l'enveloppe corporelle dans notre cortex, les capacités de mouvement et de perception de notre corps reposent sur des représentations codées dans notre cerveau, dont l'ensemble forme un « schéma corporel ». Telles des ombres chinoises animées à la surface de notre cortex, ces cartes forment des hommes miniatures dénommés *homonculus,* respectivement sensoriel et moteur, qui habitent notre cerveau.

La taille relative des surfaces périphériques représentées dans le cortex varie selon l'importance de la modalité sensorielle de l'espèce considérée : à l'instar des moustaches et du museau qui dominent chez la taupe, c'est la queue et la face chez le singe, et la main et les régions orales chez *Homo sapiens*. Quoique génétiquement définis, les contours de ces cartes diffèrent néanmoins d'un sujet à l'autre d'une même espèce, car ils sont en permanence redessinés par l'expérience sensorielle et motrice.

On doit aux deux chercheurs américains Michael Merzenich et Jon Kaas les premières démonstrations, dans les années 1980, des remaniements importants des contours des cartes provoqués par des privations sensorielles. Depuis, de nombreuses observations réalisées après manipulations comportementales, ou suite à un accident, ont confirmé l'aptitude du cortex à redessiner ses propres cartes. La zone de représentation de la main se réduit si les doigts sont mis au repos ou si les nerfs périphériques sont sectionnés. Inversement, à la suite d'un apprentissage durant lequel un primate est encouragé à n'utiliser que les doigts médians de sa main, l'aire de représentation de ces mêmes doigts empiète sur celles des autres doigts voisins restés immobiles. Voilà qui montre une fois encore le caractère dépassé du vieux débat entre l'inné et l'acquis, et combien le système nerveux central est malléable. Ces données soulignent aussi l'erreur commise par Robert Schumann qui, pour parfaire sa technique pianistique, imagina un appareil destiné à immobiliser pendant ses exercices musicaux le quatrième doigt de la main droite. Le résultat fut désastreux, puisqu'une année plus tard, il mit fin à sa carrière de virtuose en raison de difficultés grandissantes qu'il rencontrait à manipuler précisément ses doigts[17].

La plasticité extrême des cartes corticales se manifeste aussi par l'existence de membres dits « fantômes[18] ». C'est une situation que l'on retrouve fréquemment chez les personnes qui ont subi une amputation de la main, d'un bras ou d'une jambe[19]. La sensation du membre perdu provient de la réorganisation des *homonculus* et l'incapacité des cartes sensorielles à recevoir l'information du membre disparu. En somme, si le sujet continue à faire l'expérience de la douleur[20] du membre perdu, c'est en raison d'un excès de plasticité. La douleur fantôme serait due à une incohérence entre l'intention du cerveau de bouger le membre lésé et l'absence de réponse au niveau de celui-ci. Les sensations de douleur seraient alors la conséquence d'une réaction produite par les territoires voisins qui chercheraient à compenser cette léthargie. L'usage du miroir dans lequel la personne voit se refléter le membre valide, à la place du membre perdu, permet aux cartes devenues silencieuses de s'éveiller, car ce simple miroir crée une illusion du membre lésé en mouvement. Cette thérapie suffit à faire disparaître les douleurs chroniques, avancée majeure permise grâce à l'étonnante plasticité du cerveau. En somme, il faut convaincre le cerveau que le membre disparu est toujours présent. D'autres neurologues ont choisi, avec succès, d'immerger leur patient dans une réalité virtuelle où évolue leur avatar qui possède encore tous ses membres (voir chapitre suivant). En quelques séances, le fait de s'imaginer à l'intérieur de ce monde virtuel suffit à tromper le cerveau pour faire disparaître les douleurs du membre fantôme.

Cette merveilleuse capacité qu'a notre cerveau de pouvoir remodeler ses réseaux de neurones et donc de reprogrammer son activité est étonnante dans les situations de lésion ou de perte d'un membre. Elle se manifeste aussi lorsque le sujet reçoit un membre greffé. Basée à l'Institut des sciences cognitives de Lyon, Angela Sirigu a montré comment le cerveau d'un receveur intègre les membres qui lui ont été greffés. En 2009, à l'aide de l'imagerie par résonance magnétique fonctionnelle, elle a observé que le cortex moteur correspondant à l'aire d'une main greffée en 2000 pouvait récupérer de l'atrophie constatée avant la greffe[21]. Lorsque la personne avait perdu sa main, le cerveau s'était accordé avec le corps modifié, effaçant les représentations motrices et sensitives du membre disparu. Pour ce faire, les neurones chargés d'innerver les muscles de la main disparue avaient progressivement envahi les muscles du bras. Cette redistribution s'accompagnait d'une « exclusion corticale » qui se traduisait par la disparition de la représentation du membre au niveau du cerveau. Or on pensait que ce processus était irréversible après quelque temps. Pourtant, contre ce dogme, les neurologues lyonnais ont constaté avec surprise qu'après la greffe de la main, le territoire du cortex (moteur et sensitif) correspondant qui avait délaissé la main disparue pouvait désormais se réapproprier la nouvelle main greffée. En quelque sorte, la greffe de main a provoqué un remaniement global de la carte corticale du membre et inversé le processus d'exclusion corticale déclenché par l'amputation. Ces remaniements tardifs des cartes corticales et leur réversibilité apportent de nouvelles preuves de l'étonnante aptitude du cerveau adulte à se reconfigurer.

CERVEAU BLESSÉ, CERVEAU RATÉ

Nombre d'invertébrés sont doués de capacités de régénération totale d'un membre ou d'un organe, y compris le système nerveux. Les animaux dits supérieurs, et l'homme en particulier, semblent avoir perdu cette faculté, laquelle n'est jamais totale. Cependant, ils disposent tout de même de nombreuses capacités de remédiation qui permettent, au moins partiellement, de suppléer à des insuffisances ou à des manques. Un exemple de cette faculté d'adaptation est illustré par la possibilité pour une fonction perdue, lorsqu'un territoire cortical est lésé par exemple, d'être prise en charge par la région homologue de l'autre hémisphère. Harvey Levin, du Baylor College of Medicine, à

Houston, s'est intéressé au cas d'un adolescent qui n'éprouvait pas de difficultés visuo-spatiales, en dépit d'une lésion pariétale droite importante survenue durant sa jeunesse. En revanche, il rencontrait d'immenses difficultés à calculer. Les examens cliniques ont révélé la capacité du lobe pariétal gauche à se substituer au droit, au détriment d'interférences affectant sa fonction primaire qui est le calcul.

Un autre exemple tout autant spectaculaire nous est fourni par l'étude du cas de M. M., âgée de 37 ans, qui ne dispose que d'une moitié de cerveau fonctionnelle, et ce, depuis sa naissance. Malgré ce handicap majeur, cette jeune femme a réussi à poursuivre une scolarité normale et a obtenu son baccalauréat sans aucune difficulté. Au dire de ses enseignants, elle possède un talent hors du commun pour retenir les chiffres. En examinant les structures cérébrales de cette femme, grâce à l'imagerie par résonance magnétique, les neurologues ont remarqué qu'une lésion cérébrale prénatale lui avait fait perdre toute la partie gauche du cerveau. De façon remarquable, l'hémisphère droit était capable de suppléer aux fonctions normalement assurées par l'hémisphère gauche détruit.

La possibilité pour certains circuits nerveux de se reconvertir, afin de prendre en charge une fonction qui n'est pas (ou plus) assurée était déjà connue grâce à l'étude de cas d'aveugles de naissance lisant en braille. Chez ces personnes, le toucher active les régions occipitales en principe dévolues à la vision. Dans ce cas, il s'agit des zones adjacentes à la lésion qui viennent « recycler » le territoire resté inerte, selon un processus de récupération que les neurologues nomment *map expansion*.

Un autre exemple, toujours emprunté à la vision, concerne la vision aveugle. Certaines personnes souffrent de cécité, mais possèdent tout de même une vision dite « aveugle ». De façon remarquable, ces sujets se déplacent en évitant des obstacles qu'ils ne voient pas consciemment. C'est le cas d'un patient qui a subi en 2003 un accident vasculaire cérébral situé dans le cortex visuel primaire de l'hémisphère gauche, puis deux mois plus tard, un autre accident vasculaire au cortex visuel de l'hémisphère droit. Même si la rétine et le trajet nerveux sont restés intacts après les deux accidents, cette personne est devenue aveugle car son cortex visuel primaire ne répondait plus aux signaux. Pourtant, devant un portrait d'une personne effrayée, elle montrait tous les signes de la peur, alors qu'elle prétendait ne pas voir de visage. De façon surprenante, les sujets atteints de vision aveugle ressentent les émotions exprimées sur un visage ou une posture, sans être capables de nommer l'identité de l'objet auquel ils sont confrontés. Ce cas clinique illustre l'étroite relation qui relie la vision consciente et inconsciente. Dans le cas de la vision aveugle, des régions sous-corticales et corticales autres que le cortex visuel primaire se chargent de la vision résiduelle après s'être réorganisées pour compenser la perte. Une région nommée *colliculus supérieur*, située dans l'aire sous-corticale[22], joue très certainement un rôle central dans cette réorganisation. Ce territoire reçoit les informations provenant de la rétine pour les transférer vers le cortex visuel. Dans le cas de la vision aveugle des émotions, une autre région du cerveau, le noyau amygdalien, participe à l'expérience inconsciente. Ces cas cliniques montrent que le cerveau d'un patient, même adulte, peut faire preuve d'innovation après avoir subi une lésion, ou une malformation, pour compenser une fonction perdue qui sera prise en charge par des circuits voisins.

LE CERVEAU STRESSÉ

Lorsque nous subissons un événement désagréable, potentiellement dangereux, une alchimie précise à l'œuvre dans notre cerveau permet à notre organisme de se préparer à fuir, d'anticiper un combat imminent ou d'inhiber nos actions et opter pour un *statu quo*. Bien sûr, la stratégie comportementale choisie correspond à la situation qui a engendré ce stress, mais aussi à l'expérience tirée du passé. Dans ce cas, l'adrénaline est l'hormone du salut ; elle permet de mobiliser les énergies vitales pour le combat ou organiser la fuite. C'est la réponse physiologique au stress aigu que le sujet ressent sous la forme d'un rythme cardiaque accéléré, d'une hausse de la pression artérielle, des palpitations ou d'un souffle court. Ces effets, on les ressent par exemple en déambulant dans le jardin et en apercevant au loin ce qui pourrait ressembler à un serpent (mais qui n'est rien d'autre qu'un simple tuyau d'arrosage). Heureusement, ce tableau symptomatique ne dure jamais plus d'une heure. L'origine phylogénétique de cette disposition à s'émouvoir si rapidement est lointaine. Elle apparaît avec l'émergence du système limbique des mammifères. Cette réponse aiguë au stress peut être perçue comme excitante et même bénéfique dans certaines situations car elle met nos sens en alerte. Sous l'influence de l'adrénaline, c'est la garantie d'un état d'éveil maximum et une bonne préparation à agir, fuir ou combattre (*fight or flight*).

En revanche, lorsque ces mêmes événements se répètent indéfiniment, trop de stress finit par être épuisant, voire dangereux pour la santé. Ce stress devenu chronique représente une situation qui a progressivement mobilisé l'attention de tout le corps et de l'esprit, et surgit alors que le sujet ne voit plus d'issue favorable dans sa situation. Sans espoir, il abandonne toute recherche de solution et s'accommode de cette expérience désagréable. On mesure alors des taux très élevés de glucocorticoïdes[23], et ce, sur des périodes de plusieurs années. L'hippocampe joue, comme nous l'avons déjà vu, un rôle important dans l'apprentissage et la mémoire déclarative (la mémoire de ce qu'on peut décrire verbalement, plutôt que celle des savoir-faire). Il est donc en première ligne quant aux effets dévastateurs du cortisol à haute dose. En conséquence, un stress chronique se traduit par une détérioration des capacités mnésiques, ce qui nuit aux facultés d'apprentissage et d'adaptation. L'autre effet néfaste des taux élevés de cortisol de base, donc du stress, dans l'hippocampe se traduit par une plus grande susceptibilité des personnes à sombrer dans la dépression. En fait, si nous sommes relativement bien adaptés aux réponses physiologiques du stress aigu (auquel l'homme était jadis soumis à la vue d'un prédateur, par exemple), nous restons très vulnérables devant les situations qui concourent à l'émergence du stress chronique.

On connaît aujourd'hui le mécanisme grâce auquel le stress chronique altère les récepteurs à la sérotonine (augmentation des récepteurs corticaux de type 5-HT2a et diminution des récepteurs 5-HT1a dans l'hippocampe). D'ailleurs, ces mêmes modifications des récepteurs à la sérotonine s'observent chez des personnes victimes de suicides tandis que l'administration chronique d'antidépresseurs provoque des changements inverses à ceux du stress chronique.

On sait depuis longtemps que les personnes dépressives montrent une hyperactivité de l'axe hypothalamo-hypophysio-surrénalien (ou HPA) et qu'un état prolongé d'inhibition de l'action, qui active démesurément l'axe du stress (HPA), favorise l'émergence d'un état dépressif. Ce stress chronique, en sollicitant exagérément l'axe HPA, conduit à des changements structuraux quasi irréversibles dans certaines régions cérébrales. En particulier, l'hippocampe subit des pertes neuronales très importantes sous l'effet d'un stress prolongé, liées notamment à une désensibilisation des récepteurs aux glucocorticoïdes conduisant à des effets trophiques négatifs.

Chez les personnes atteintes d'une maladie dans laquelle le cortisol est produit en très large excès (le syndrome de Cushing par exemple), on dénombre une incidence élevée des épisodes dépressifs et leur dépression peut être traitée dès lors que le taux de cortisol atteint des valeurs normalisées. Le produit final de l'axe HPA, les glucocorticoïdes, joue donc un rôle dans l'état dépressif en influençant plusieurs systèmes de neurotransmetteurs dont la sérotonine, la noradrénaline et la dopamine, la triade chimique impliquée fortement dans la dépression.

LA REMÉDIATION COGNITIVE

La remédiation cognitive est un processus d'entraînement et d'apprentissage qui cible les aires corticales impliquées dans les phénomènes d'attention, d'apprentissage, de mémoire, de planification et d'exécution. Cette méthode utilise des techniques conçues pour améliorer les performances cognitives de sujets dont les fonctions mentales ont été altérées par un traumatisme (AVC, tumeur, traumatisme crânien, etc.) ou en raison d'une pathologie neurologique naissante (maladie d'Alzheimer, etc.) ou psychiatrique (dépression, schizophrénie[24], etc.). L'objectif de la remédiation cognitive est de soutenir les capacités cognitives spécifiques affaiblies, mais toujours présentes, puis d'apprendre de nouvelles stratégies compensatoires. Cette méthode neuropsychologique cherche à entraîner des sujets dans la résolution de problèmes et la mémorisation de solutions pour améliorer les performances cognitives (mémoire, attention, raisonnement, etc.) et favoriser une meilleure autonomie cognitive des patients.

Force est de constater que les thérapies d'inspiration cognitive (thérapies cognitivo-comportementales, programmes de remédiation cognitive et autres programmes) sont de plus en plus présentes dans l'arsenal thérapeutique qui vise à redonner progressivement une certaine autonomie de leurs performances cognitives aux malades. Les mécanismes en vertu desquels ces thérapies améliorent les facultés mentales ne sont pas toujours connus, même si on commence à percevoir qu'ils concernent aussi bien des changements des aspects spécifiques du fonctionnement cérébral (directs en agissant sur la plasticité des réseaux de neurones ou indirects en agissant à partir de la vascularisation cérébrale), que des changements plus généraux opérant au niveau comportemental. Dans tous les cas, et quels que soient les mécanismes sous-jacents, la remédiation cognitive s'articule sur le principe de plasticité du cerveau adulte[25]. Spaulding et ses collègues[26] ont évalué les changements cognitifs chez des schizophrènes. Ils ont identifié des améliorations dans neuf des douze mesures effectuées du fonctionnement cognitif : les performances aux tâches de mémorisation, au masquage visuel et aux tâches impliquant les fonctions exécutives se sont améliorées. De manière générale, les changements apparaissent plus robustes pour les traitements cognitifs supérieurs, des fonctions qui s'avèrent essentielles au quotidien comme la planification des actions ou la correction des erreurs et la recherche de solutions nouvelles. En agissant sur la réorganisation de l'activité cérébrale et en exploitant les ressources sous-estimées de la plasticité cérébrale, l'entraînement cognitif favorise non seulement les performances cognitives du patient, mais également sa réinsertion sociale et professionnelle, grâce à un comportement plus adapté à son environnement.

Parfois, la remédiation cognitive peut être assistée par ordinateur pour permettre de stimuler virtuellement les facultés mentales nécessaires à l'exécution des activités quotidiennes. Depuis le travail pionnier de M. Merzenich[27], qui a démontré l'importance de l'entraînement des processus phonologiques, considérés comme crucialement altérés chez l'enfant dyslexique, pour améliorer les capacités de lecture, cette approche a connu un certain succès. Ce chercheur de San Francisco a eu la surprise de constater que des enfants souffrant de troubles du langage voyaient leur performance s'améliorer après un programme d'entraînement quotidien à l'aide d'un jeu informatique audiovisuel (Fastforword®). Ce programme avait été conçu spécifiquement pour remédier au trouble du traitement auditif que Merzenich présentait comme une cause de trouble de l'apprentissage[28]. Ce travail a ouvert une nouvelle voie de recherche qui s'avère chaque année toujours plus féconde : la remédiation neurodéveloppementale assistée par ordinateur. Depuis, plusieurs travaux ont confirmé l'importance de cette approche thérapeutique dans le contexte des traitements des troubles d'hyperactivité avec déficit de l'attention chez les dyspraxiques et les dyslexiques[29]. La remédiation cognitive assistée par ordinateur semble être aussi un outil d'intervention précieux dans le traitement de la maladie d'Alzheimer et a un impact mesurable sur les déficits cognitifs reliés à la démence. Dans ce cas, il existe plusieurs logiciels de remédiation cognitive qui permettent de stimuler l'attention, la mémoire, le langage, la coordination motrice et les habiletés visuo-spatiales du patient. Dans tous ces cas, l'entraînement multimédia à partir de l'ordinateur favoriserait la plasticité neuronale et l'activité informatique permettrait de créer des situations facilitant l'acquisition de stratégies compensatoires par le cerveau adulte.

Compensation, stimulation, voire réparation : notre chemin ne s'arrête pourtant pas là. Venons-en aux possibilités nouvelles de modification et d'optimisation qu'ouvrent les nouvelles sciences du cerveau.

CHAPITRE 5

Le cerveau augmenté et les multiples façons d'accommoder un cerveau

> « Exiger l'immortalité de l'individu, c'est vouloir perpétuer une erreur à l'infini. »
>
> Arthur SCHOPENHAUER, *Pensées et fragments.*

Est-ce encore un rêve d'imaginer la lecture de nos pensées en temps réel par un robot qui effectuera, selon nos convenances, les tâches les plus ingrates de la vie quotidienne ? Cet asservissement du robot par la pensée constituerait une victoire de l'être humain sur la machine[1]. Ou bien n'est-ce encore qu'un fantasme, produit dérisoire de la science-fiction ? Troublante erreur, ce rêve menace de devenir réalité depuis que des chercheurs sont devenus capables d'enregistrer l'activité mentale accompagnant la planification et l'exécution d'un mouvement volontaire pour rejouer cette partition dans une machine qui exécute la tâche souhaitée. Ainsi, après avoir réussi successivement la transformation de la matière en énergie, puis de l'énergie en travail ou en information, voilà que l'humanité se donne le pouvoir d'une nouvelle transformation : la pensée en action ! Nous retrouverons notre héros principal, le cerveau, qui se montrera de nouveau capable de s'adapter même aux situations les plus incongrues.

Venus d'horizons variés, des technoscientifiques œuvrent en effet à court-circuiter la pensée afin que l'acte puisse s'affranchir dans son exécution de l'intégrité des réseaux cérébraux[2]. Les prémices de cette recherche se manifestent déjà, tantôt fascinantes, tantôt effrayantes selon les situations. Désormais, la capacité de l'esprit d'agir à distance n'est plus du seul ressort de la magie avec sa bande de tordeurs de cuillères et autres briseurs de chaînes. Pour ce faire, inutile de recourir aux dispositifs complexes prévus par les scénaristes des films de science-fiction. Le dispositif technologique requis pour que la pensée puisse prendre à distance le contrôle d'une machine est relativement simple. Il suffit d'enfiler un « casque » capable d'enregistrer notre activité mentale[3] et de transmettre cette information vers un ordinateur qui émette une série de commandes destinées au contrôle de la machine ainsi asservie. D'ores et déjà, muni de ce « casque », on peut commander le mouvement d'un membre artificiel par le seul truchement de sa pensée, sans aucun effort supplémentaire.

Cette technologie que l'on nomme « interface cerveau-machine » vise à établir un dialogue compatible entre la pensée humaine et le fonctionnement d'une machine, que celle-ci soit représentée par un ordinateur ou un robot[4]. Ce domaine de recherche à la croisée entre le fondamental, l'expérimental et la clinique est en plein essor. Quelques exemples suffiront pour nous en donner la mesure.

En 1994, date des premières interfaces, une demi-douzaine de laboratoires seulement s'intéressaient à cette technologie. Cinq ans plus tard, une quarantaine de laboratoires étaient déjà présents lors du premier congrès international dédié à ces machines. En 2007, on dénombrait près de cent participants à cette rencontre internationale[5]. En 2010, enfin, ce chiffre avait doublé lors d'une rencontre à Asilomar, en Californie.

Né de la fusion de plusieurs courants comprenant l'ingénierie, les neurosciences, l'informatique, les mathématiques, la physique et la clinique, l'avènement des cerveaux-machines pourrait modifier de façon radicale la manière dont nous pourrons interagir avec notre entourage, que nous soyons, ou non, en bonne santé. Quelle défaite pour les fanatiques de l'âme et ses mystères ! À moins qu'il ne s'agisse simplement d'une défaite de l'humain, s'il faut en croire le cœur des lamentations des humanistes transis. Imaginez plutôt : l'avènement de ces interfaces n'est pas moins que la promesse d'un monde futur où nous pourrons nous déplacer, utiliser notre ordinateur et communiquer entre nous uniquement par l'intermédiaire de la pensée. « Pensez-y et la machine le fera pour vous ! » : tel sera le prochain adage populaire.

De nombreux prototypes sont déjà à l'œuvre dans le monde, en particulier aux États-Unis, en Europe du Nord et au Japon. Ces premiers robots donnent toute la mesure des progrès réalisés ces cinquante dernières années. Ils permettent aussi de mesurer combien d'efforts restent à fournir pour qu'un jour, les promesses de la technoscience puissent faire partie de l'arsenal thérapeutique des neurochirurgiens et autres plasticiens en quête de nouveaux outils capables de pallier les dysfonctionnements cérébraux. Des perspectives nouvelles de réhabilitation contre les déficiences sensorielles (surtout la vue et l'audition) et motrices, sont déjà tangibles. Annoncés initialement à grands renforts de trucages et autres effets spéciaux de la science-fiction, les cerveaux-machines quittent progressivement le monde fantastique des artistes (cinéastes et écrivains), pour investir celui bien réel du service à la personne, que celle-ci soit en pleine santé (cerveau *augmenté*) ou pour l'assister afin de surmonter un handicap (cerveau *réhabilité*).

LES « CÉRÉBOTS » SONT EN MARCHE

Pour définir ce qu'est une interface cerveau-machine, commençons par indiquer qu'il s'agit d'un dispositif capable d'assurer la communication à distance, entre une machine et un cerveau. Pour que ce dispositif fonctionne en harmonie, la communication doit être réciproque afin que l'information puisse transiter du cerveau à la machine dans un premier temps, puis de la machine au cerveau[6]. Dans le cadre de cette réciprocité, il s'agit d'une part de recueillir les informations de l'environnement (en général, c'est la fonction des organes sensoriels, puis des représentations mentales permises par la sensation) et, d'autre part, d'agir sur ce même environnement (c'est le rôle du passage à l'acte : saisir un verre, frapper du pied un ballon, etc.). En garantissant ces deux fonctions liées à la perception[7] et à l'action, le principe fondamental de ces interfaces revient à relier la pensée à l'action en court-circuitant l'activité musculaire. La machine ainsi asservie peut être un ordinateur ou bien un robot[8], en somme un hybride que nous nommerons « cérébot ».

Pour être efficace, l'interface cerveau-machine doit être munie d'une voie d'entrée et d'une autre assurant la sortie. La voie d'entrée permet d'acquérir, amplifier et traiter numériquement par une série d'algorithmes de calcul, des signaux émis par l'encéphale en activité lors d'une tâche cognitive quelconque. La voie de sortie analyse le signal cérébral émis pour définir une série de consignes nécessaires à la commande d'une machine. Pour que les entrées et les sorties puissent opérer harmonieusement, une boucle de rétroaction permet les éventuels réajustements sous forme d'apprentissage après une série progressive d'essais-erreurs. Nous reviendrons sur la notion de boucle de rétrocontrôle, nommée *biofeedback* : celle-ci étant centrale à la notion d'utilisation et d'optimisation des interfaces cerveau-machine par les humains.

Grâce à cette machine hybride, l'individu peut communiquer avec son environnement plus ou moins proche sans pour cela nécessiter l'action de ses nerfs et de ses muscles[9]. Comme bien souvent en science, cette idée révolutionnaire n'est pas le fruit de récents progrès. Son principe repose sur une série déjà ancienne de recherches fortuites, et non rigoureusement encadrées, qui a débuté il y a plus d'un demi-siècle. Le premier succès des interfaces cerveau-machine date ainsi de 1957, lors de la pose des premiers implants auditifs cochléaires[10]. À cette époque, plutôt que de chercher à amplifier le son à l'aide d'un appareil auditif, les scientifiques cherchaient déjà à stimuler directement l'organe de Corti à l'intérieur de la cochlée, au moyen d'électrodes implantées chirurgicalement sur les nerfs auditifs, pour transmettre des signaux électriques au cerveau du malentendant. Initialement, les sensations perçues dans ce cas ne correspondent pas à une perception normale, ni à celles de l'audition appareillée de façon externe. C'est à la suite d'un apprentissage auditif relativement long, et avec l'aide d'un orthophoniste, que le sujet devra apprendre à rééduquer son audition, pour donner du sens (on parle de construire un percept) aux impulsions électriques délivrées directement sur son nerf auditif. Le succès clinique a très vite été au rendez-vous même si la procédure reste encore à améliorer, comme nous le verrons un peu plus loin. On estime aujourd'hui à environ cent mille le nombre de personnes portant des implants cochléaires, à travers le monde. Approximativement un tiers des enfants implantés, obtient d'excellents résultats avec une compréhension équivalente à celle d'enfants dont l'audition est intacte ; un autre tiers acquiert une compréhension correcte de la parole ; le dernier rencontre des difficultés très souvent liées à l'implantation trop tardive de la prothèse auditive.

L'audition n'est pas la seule modalité sensorielle à bénéficier de méthodes « high-tech » en matière d'organe bionique (dit aussi « neuroprothèse »). La vision peut être également réhabilitée à l'aide d'un dispositif électronique de type invasif. Des rétines artificielles sont en cours de réalisation pour compenser la perte des photorécepteurs qui conduit inéluctablement à la cécité totale lors de pathologies comme la rétinopathie pigmentaire ou la dégénérescence maculaire liée à l'âge. Même durant les phases les plus sévères de ces pathologies, des cellules nerveuses de l'organe sensoriel de la vision (la rétine) restent en contact avec les aires visuelles du cerveau. Ces contacts sont fonctionnels, comme le démontrent des études cliniques réalisées à partir de stimulations électriques des cellules nerveuses résiduelles qui permettent de recréer des images visuelles.

Un projet de recherche piloté par le Département de l'énergie (l'équivalent du CEA aux États-Unis) a été lancé pour promouvoir des recherches en matière de prothèse rétinienne[11]. Schématiquement, le dispositif imaginé comporte des lunettes dont les branches sont munies de caméras vidéo externes pour la capture d'images. Ces caméras sont connectées à un microprocesseur miniaturisé porté à la ceinture du patient. Ce mini-ordinateur embarqué interprète les images enregistrées par les caméras ; puis, il transmet fidèlement l'information à la prothèse rétinienne sous forme d'impulsions électriques. Dans ce cas, la prothèse, c'est-à-dire la rétine artificielle, est un stimulateur électronique qui comprend plusieurs électrodes. En somme, les photorécepteurs habituels de la rétine sont remplacés par un système électronique qui stimule électriquement les neurones rétiniens résiduels afin de produire des images reconstruites par le cortex visuel.

C'est en 2002 que l'Université de Californie du Sud (University of Southern California) et Second Sight Medical Products Inc, leaders dans le domaine des prothèses rétiniennes pour le traitement de la cécité, annoncent que des volontaires ont pu bénéficier d'une rétine artificielle nommée Argus I. De faible résolution, cette première prothèse comportait seulement seize électrodes (pixels dans ce cas). Néanmoins, entre 2002 et 2004, elle a permis à six personnes atteintes de dégénérescence rétinienne (un ensemble de pathologies causées par des rétinopathies pigmentaires qui affectent la rétine) de recouvrer une vision rudimentaire. L'implant consistait en une puce de quelques électrodes attachées à la rétine. Les électrodes conduisent l'information acquise par une caméra externe jusqu'à la rétine pour fournir au patient une forme de vision rudimentaire. Les sujets ainsi traités étaient capables à nouveau de repérer une porte ou une fenêtre, d'éviter des obstacles majeurs et même de lire des caractères dont la taille devait atteindre la trentaine de centimètres au minimum. Ces premiers succès ont permis de valider le concept et de lancer un programme de recherche international de plus grande ampleur visant à améliorer les performances techniques des rétines artificielles. Une deuxième génération d'implants rétiniens électroniques nommée Argus II a été conçue dans la foulée. Ce prototype de meilleure résolution, puisqu'il comporte soixante électrodes, est essayé depuis 2007 sur plusieurs volontaires, d'abord au Mexique, ensuite aux États-Unis puis enfin en Europe au sein de trois structures : le service d'ophtalmologie, hôpital cantonal universitaire de Genève, le Centre hospitalier national d'ophtalmologie des Quinze-Vingts à Paris, puis le Moorfields Eye Hospital de Londres. Ainsi, en Europe, deux essais distincts utilisant cette génération de prothèses rétiniennes ont été conduits en 2008. Ces essais cliniques permettent d'évaluer l'impact sur la vision d'une prothèse de moyenne résolution implantée à la surface de la rétine[12], et mise au point par Mark Humayun, professeur d'ophtalmologie et d'ingénierie biomédicale au Doheny Eye Institute, à l'Université de Californie du Sud à Los Angeles.

Plus récemment[13], des ophtalmologistes des hôpitaux universitaires genevois ont réussi à implanter une rétine artificielle de meilleure résolution sur un patient totalement aveugle. Les médecins ayant conçu l'opération à Genève étaient épaulés par leurs confrères de Los Angeles et de Paris.

On notera que toutes les interventions conduites jusqu'à présent ont pour objectif de faire recouvrer un certain degré de vision aux personnes atteintes de cécité acquise, suite à des formes héréditaires de cécité. À l'évidence, la rétinopathie pigmentaire, qui touche un million et demi de personnes de par le monde, est l'une des pathologies de la vision ciblées par l'implantation de rétine artificielle.

Bien que ces premières interventions aient rencontré un certain succès sur le plan clinique, l'objectif des chercheurs reste pour l'instant limité à une sorte de démonstration de fiabilité de la méthode. Si les premiers résultats obtenus permettent d'évaluer l'impact direct de cette méthode sur la vision des malvoyants, leur importance est surtout de susciter toujours plus de nouvelles améliorations. Les progrès obtenus sont très encourageants puisque les ophtalmologues constatent que leurs patients peuvent percevoir la lumière, certaines formes et le mouvement. Des aveugles implantés d'une prothèse rétinienne se déplacent de façon autonome en suivant une marque inscrite sur le sol, et peuvent distinguer une personne placée à 6 mètres de distance. Mais les résultats sont très disparates d'un sujet à l'autre. Si certains patients aveugles peuvent désormais lire des petits textes sur ordinateur, d'autres restent incapables d'utiliser l'information visuelle fournie à leur cortex. Cependant, dans tous les cas, ces premiers essais cliniques montrent qu'il reste possible de réactiver l'organe sensoriel de la vision, la rétine. Un troisième prototype dont la résolution a été améliorée à deux cents pixels est en phase de mise au point. Les détails précis de cette étude ne seront connus qu'à la fin des tests cliniques prévus courant 2012. Cependant, les chercheurs et ingénieurs, insatiables de nouveauté, sont d'ores et déjà au travail sur une rétine artificielle dont la sensibilité passerait désormais à plus de mille pixels ! Ainsi, Eberhart Zrenner du centre d'ophtalmologie de l'Université de Tübingen, en Allemagne, a réalisé un implant rétinien de mille cinq cents pixels. Malheureusement, pour l'instant, cet implant n'améliore pas vraiment la vision par rapport aux avantages apportés aux implants de *Second Sight* à soixante pixels.

Après l'arrivée plutôt réussie des cerveaux-machines dans la sphère sensorielle, l'intérêt des cliniciens s'est porté sur la réparation des fonctions motrices. Cette démarche a été facilitée par les connaissances fondamentales acquises par les spécialistes du domaine, il y a plus de quarante ans. Parmi eux, Edward Evarts et ses collègues de l'Institut national pour la santé (NIH), dans le Maryland, ont montré dès 1966 qu'il était possible d'enregistrer spécifiquement l'activité électrique de la région corticale responsable de la planification des actes moteurs volontaires du macaque, mais aussi de décrypter l'information contenue dans cette activité électrique complexe[14]. Cette première étape a ouvert la porte aux premiers essais cliniques conduits chez l'humain, par l'équipe de Thomas Elbert[15] à l'Université de Constance, en Allemagne.

Quelques années plus tard, les mêmes chercheurs ont démontré la plasticité étonnante du cerveau humain capable de se reconfigurer en fonction des situations les plus variées. Ils se sont intéressés aux propriétés du cortex sensitif et non plus moteur. Les informations sensorielles fournies par la surface corporelle se transmettent fidèlement au cortex somato-sensoriel. Par exemple, lorsque nous touchons du doigt un objet, les impulsions nerveuses transmises par les nerfs sensoriels déclenchent une réponse dans la partie correspondante du cortex. Grâce à la technique non invasive d'imagerie cérébrale, l'équipe de Thomas Elbert a étudié les activations du cortex somato-sensoriel enregistrées avec l'imagerie par résonance magnétique (IRM). Ces chercheurs voulaient tester si le cerveau adulte pouvait subir des réorganisations majeures entraînant d'importantes conséquences sur un plan morphologique et fonctionnel. Cette plasticité a été observée chez des aveugles qui apprenaient à lire en braille[16]. La comparaison des images cérébrales obtenues chez des aveugles qui lisent en braille avec trois doigts, ceux qui utilisent un seul doigt, puis des sujets à la vision intacte et ne lisant pas en braille, a été riche en surprises. Elbert et ses collègues ont constaté que la région du cerveau correspondant à la main est nettement plus vaste chez les « lecteurs à trois doigts » que chez tous les autres sujets. En d'autres termes, le cerveau est capable de se reconfigurer selon le mode de lecture choisi. Ce résultat a été facile à confirmer à l'aide d'un test tactile : les lecteurs qui utilisent trois doigts ont du mal à déterminer lequel de ces trois doigts est caressé par une plume que tient l'expérimentateur. Cette expérience montre que le cerveau est capable de fusionner les informations provenant séparément des trois doigts pour faire émerger un message unique, plus robuste et plus fiable, si utile pour l'aveugle qui utilise le braille pour s'informer.

À l'évidence, la représentation des différentes parties du corps dans le cortex somato-sensoriel primaire humain peut changer assez rapidement pour s'adapter aux nécessités du moment et à l'histoire d'un sujet. C'est grâce à ce principe élémentaire que le cerveau adulte peut construire des représentations mentales à partir d'impulsions électriques délivrées par des capteurs sensoriels artificiels.

IL PENSE, DONC IL AGIT[17]

Les applications des cerveaux-machines occupent déjà plusieurs champs de notre vie. Elles pénètrent les secteurs les plus importants de notre société comme la santé, la communication ou la sécurité. Dans le domaine de la santé, c'est la réhabilitation du handicap (prothèse, éditeur de texte, etc.[18]) qu'on recherche surtout. Selon le dernier rapport des Nations unies, ce sont près de cinq cents millions de personnes dans le monde qui souffrent aujourd'hui d'un handicap sérieux en raison de diminutions mentales, physiques ou sensorielles[19]. En matière de communication, les nombreux exemples de cerveau-machine relèvent surtout du domaine des multimédias (jeux, réalité virtuelle, téléphonie, Internet, etc.[20]). Enfin, le pilotage d'engins à distance, si utile pour les équipes de déminage ou les militaires[21], représente un des exemples d'interfaces à visées sécuritaires.

Que l'on ne s'y trompe pas, cependant ! La médecine reste bien sûr une des applications majeures des interfaces cerveau-machine. De nombreux dysfonctionnements sont visés par ces nouvelles possibilités technologiques avec en premier lieu les pathologies extrêmement invalidantes qui conduisent à une paralysie totale. Certains traumatismes crâniens ou accidents vasculaires cérébraux (AVC), survenus dans le tronc cérébral, entraînent la perte complète des mouvements volontaires, à l'exception de certains muscles des lèvres ou des paupières. Dans ce cas, la personne paralysée reste parfaitement consciente de son état, mais demeure incapable de communiquer avec son entourage. C'est le fameux syndrome de l'enfermement dit *locked-in* en anglais pour signifier que la conscience reste intacte, mais emprisonnée dans un corps devenu immobile. La douloureuse expérience de l'enfermement d'un esprit lucide dans un corps recouvert d'une chape de plomb est décrite dans les mémoires d'une victime atteinte d'un accident vasculaire cérébral dans le tronc cérébral. Prisonnier dans son scaphandre, Jean-Dominique Bauby fut hospitalisé à

44 ans alors que son activité mentale était intacte et qu'il demeurait libre de papillonner des yeux. À l'aide du seul moyen de communication qui lui restait – les mouvements de sa paupière gauche –, il témoignait sur l'existence d'un monde dont il ne subsistait plus rien, hormis la pensée complètement désincarnée[22].

En 1998, Philip Kennedy et Roy Bakay ont placé chez un patient affecté par ce syndrome un implant cérébral grâce auquel le curseur d'un ordinateur pouvait être positionné par le truchement de la pensée du sujet[23]. En le déplaçant sur le clavier virtuel d'un ordinateur, celui-ci a acquis la capacité d'épeler les mots qu'il pouvait imaginer naguère sans pouvoir les communiquer. En somme, grâce à cette interface cerveau-machine, le contact avec l'extérieur a pu être rétabli.

Ces interfaces sont aussi porteuses d'espoir pour pallier les problèmes moteurs des paralysies partielles comme celles qui surviennent après un traumatisme de la colonne vertébrale où la victime perd l'usage d'un de ses membres. En 2005, un patient atteint de sclérose latérale amyotrophique (maladie de Lou Gehrig ou de Charcot) déplaçait un bras artificiel uniquement par la pensée grâce à l'implantation d'une grille d'électrodes introduites directement dans son cortex moteur.

Miguel Nicolelis, du Duke Center for Neuroengineering à Durham aux États-Unis, fait ici office de pionnier. Il a en effet été l'un des premiers chercheurs à démontrer qu'il était possible de contrôler la mobilité d'un bras humanoïde par la seule intervention de l'activité électrique d'une région précise du cortex cérébral. Son équipe a publié en 2003 des résultats étonnants acquis à l'aide des premières interfaces cerveau-machine[24]. Un singe placé devant un ordinateur apprend à manipuler un levier (joystick) dans le cadre d'un jeu vidéo. Il est entraîné à manipuler cette manette pour faire déplacer un point lumineux sur l'écran. Quand le singe parvient à toucher un cercle avec le point mobile, il reçoit alors une récompense (du jus de pomme). Simultanément, des microélectrodes sont implantées à la surface de son cortex, dans la région précise qui est impliquée dans la commande des mouvements volontaires (voir chapitre 1). Le signal émis par les neurones qui commandent la motricité est simultanément utilisé pour mouvoir un bras robotisé situé aux côtés du singe. Lorsque les chercheurs déconnectent le joystick de l'ordinateur, pour continuer à jouer avec l'ordinateur et obtenir la récompense, le singe doit désormais imaginer le type de mouvements nécessaires pour déplacer le bras robotisé. Peu à peu, en observant le point lumineux se mouvoir sur l'écran, le singe comprend qu'il est capable de le faire bouger sans même intervenir physiquement sur le joystick. Pour la première fois, la barrière conceptuelle de l'action sans mouvement du corps désirant était rompue[25]. Le singe venait d'apprendre à déplacer le bras robotisé simplement par la pensée. Pour cet exploit, en 2004, *Time Magazine* a inscrit Miguel Nicolelis sur sa liste des scientifiques les plus influents de l'année.

Quel est le principe de cet apprentissage qui permet de transmettre à distance une commande motrice ? Les neurones du cortex moteur ont-ils été reprogrammés par l'apprentissage pour prendre commande du bras robotisé ? Ont-ils acquis une nouvelle fonction tout en conservant l'ancien programme moteur permettant de contrôler à la fois le bras biologique et l'autre artificiel ? Cette seconde hypothèse semble plus vraisemblable puisque l'usage du bras surnuméraire (et artificiel) ne diminue en rien la faculté du singe à conserver l'usage des membres naturels. L'équipe de Nicolelis a même montré que le singe pouvait utiliser simultanément ses trois bras pour effectuer des tâches différentes.

Fort des progrès récents accomplis dans ce domaine particulier des technosciences, le Pentagone a investi par l'intermédiaire du DARPA (l'Agence pour des projets de recherche avancée de défense) cinquante millions de dollars en 2004 dans un programme de recherche nommé « Révolutionner la prosthétique » pour que soit développé un bras bionique articulé. Le but affiché ? Construire un appendice artificiel débutant de l'épaule jusqu'au poignet, puis se terminant par une main munie d'un pouce opposable aux doigts, eux-mêmes mobiles. Quatre années plus tard, c'est l'Institut de réhabilitation de Chicago (RIC), avec l'appui d'un groupe d'entreprises privées, qui a réussi cet exploit en inventant un bras bionique capable de répondre aux prérequis. Ce même institut avait auparavant déjà acquis une grande réputation en matière de réhabilitation. Il avait permis à Jesse Sullivan, un électricien de 55 ans qui avait perdu ses deux bras jusqu'aux épaules lors d'une électrocution, de recouvrer l'usage des membres supérieurs[26]. Avec la dernière version de cette prothèse robotisée développée par Todd Kuiken du RIC, Sullivan put lacer à nouveau ses chaussures, nouer sa cravate, se raser, bref, mener une vie presque normale.

Emboîtant les pas de Miguel Nicolelis, Todd Kuiken a ensuite cherché à utiliser les voies nerveuses qui commandent le bras et la main pour capter les commandes motrices issues de l'encéphale. Pour ce faire, Claudia Mitchell, une jeune fille âgée de 25 ans qui venait de perdre son bras à la suite d'un accident de moto, a été opérée afin de greffer les nerfs sectionnés sur ses muscles pectoraux. De cette sorte, lorsqu'un geste est planifié, les muscles innervés reçoivent des commandes nerveuses qui produisent des impulsions myoélectriques récupérables par des électrodes posées sur la peau des pectoraux. Il ne reste plus qu'à envoyer ces mêmes signaux aux processus de la prothèse qui les traduit immédiatement en commandes motrices. Grâce à des capteurs se trouvant dans la main artificielle, la force de préhension peut être adaptée selon la fragilité de l'objet à saisir. Les membres bioniques directement contrôlables par la pensée sont donc prêts à quitter l'univers clos des laboratoires pour venir changer, de manière radicale, la qualité de vie des millions de personnes victimes d'accidents ou de pathologies les ayant privées de l'usage d'un ou plusieurs membres.

L'ensemble des succès médicaux obtenus jusqu'à présent indique que l'utilisation répétée de voies nerveuses durant un apprentissage conduit à reconfigurer significativement les circuits sollicités. Cette plasticité fonctionnelle permet d'utiliser un bras artificiel comme si celui-ci faisait partie intégrante de son propre corps. Cette nouvelle représentation du corps est rendue possible et s'affine d'ailleurs avec l'entraînement, grâce à un système de rétroaction visuelle (le biofeedback) : l'écran de contrôle sur lequel les singes peuvent suivre le mouvement du bras robotisé par exemple. Ce processus de boucle « visuo-motrice » n'est que la récapitulation d'un mécanisme d'assimilation à l'œuvre chez le singe comme chez les êtres humains, chaque fois que nous cherchons à ajuster l'utilisation d'un outil pour en accroître la précision. Cette habileté à manier toutes sortes d'instruments, à l'œuvre chez le tennisman professionnel comme chez l'orfèvre, montre que nous sommes tous capables de nous approprier un outil qui, après une longue pratique, est perçu comme l'extension même de notre propre corps[27].

C'est principalement en vertu de cette plasticité fonctionnelle du cortex que des êtres humains peuvent s'adapter au cerveau-machine pour commander le mouvement d'objets par la pensée. Néanmoins, pour être réellement efficaces, les futures recherches devront viser aussi l'augmentation du degré de plasticité cérébrale. Pour ce faire, il faudra multiplier les sources d'information possibles qui alimentent l'interface cerveau-machine pour faciliter la reconfiguration des circuits nerveux. La plupart des expériences actuelles sont fondées sur une plasticité cérébrale déclenchée par une seule source : le rétrocontrôle visuel. Pour que des personnes puissent commander des mouvements très précis – saisir un objet fragile à l'aide d'une main artificielle par exemple –, il faudrait trouver des boucles de contrôle supplémentaires. Des batteries de capteurs renseignant sur la position, la texture, les forces de préhension pourraient être disposées sur le membre artificiel lui-même. Ces capteurs inonderaient alors le cerveau d'informations importantes portant sur l'environnement propre et les propriétés dynamiques du membre artificiel[28]. Il ne restera plus au cerveau qu'à se reconfigurer en fonction de toutes ces informations pour que l'organe robotique soit réellement approprié par le cerveau comme faisant partie intégrante du corps[29].

D'autres progrès consistants qui visent à rétablir la communication du sujet avec son entourage méritent d'être mentionnés, comme des ordinateurs portables équipés de claviers virtuels et capables de lire la pensée sur l'écran tandis que défilent des lettres de l'alphabet disposées sous forme de matrice. On demande alors au sujet placé face à l'écran et muni d'une interface cerveau-machine de focaliser son attention sur certaines lettres présentes au sein de la matrice. L'ordinateur détecte simultanément les réponses cérébrales du sujet à ces stimuli visuels pour déterminer les lettres congruentes qui ont préalablement été choisies. Muni de ce dispositif, le neuroscientifique autrichien Peter Brunner du centre de recherches Wadsworth à New York, a fait surgir les lettres du mot « bonjour » sur l'écran d'un ordinateur par le seul moyen de sa pensée. Pour réussir ce tour de magie devant une assistance restée médusée, le casque enfilé par l'expérimentateur était tapissé d'une vingtaine d'électrodes. Ce bonnet électronique capte fidèlement, puis numérise, des impulsions électriques émises par le cortex durant l'activité mentale. L'information est transmise, sous la forme d'un électroencéphalogramme[30], à l'ordinateur qui identifie les signaux significatifs émis sous forme d'ondes caractéristiques pour exécuter les instructions planifiées par le cortex.

Quel principe sous-tend ce tour de passe-passe ? Lorsque P. Brunner concentrait son activité mentale pour produire la lettre b, il fixait sur l'écran des rangées de lettres et de symboles qui défilaient de façon aléatoire. Dès qu'une rangée, verticale ou horizontale, contenait la lettre b, son cerveau réagissait au signal qui était attendu en émettant une onde électrique clairement distincte des autres. En quinze secondes, l'ordinateur déterminait la lettre regardée (ce délai peut diminuer avec l'entraînement). En somme, il apprend à détecter les congruences entre les tracés électro-encéphalographiques produits par les stimuli visuels et les lettres affichées sur l'écran. On imagine aisément l'application possible de cette technologie aux personnes atteintes aujourd'hui de troubles du langage.

Autre exploit, celui de Niels Birbaumer, de l'Université de Tübingen en Allemagne, dont la spécialité est d'assister les personnes souffrant de sclérose latérale amyotrophique. À un stade très avancé de la maladie, ces personnes ne peuvent plus se mouvoir. Dans les années 1990, à l'aide d'imageries cérébrales fonctionnelles nécessaires pour détecter les différents états de conscience, Birbaumer et son équipe découvrent que le plus grand désarroi qui menace leurs patients n'est pas l'immobilité, mais bien la dépression induite par l'incapacité à communiquer. L'équipe se lance alors dans la recherche d'un procédé permettant de rétablir le contact du patient avec son entourage. Depuis que ces personnes utilisent une interface capable de décoder les enregistrements électroencéphalographiques pour contrôler le curseur d'un ordinateur, elles se portent de mieux en mieux au fur et à mesure qu'elles sortent de leur isolement.

Grâce aux interfaces cerveau-machine, des patients souffrant de douleurs chroniques peuvent réguler leur degré de souffrance en activant la région cérébrale impliquée dans la représentation de la douleur, région identifiée grâce à l'imagerie cérébrale. Des personnes atteintes de la maladie de Parkinson peuvent réduire considérablement les troubles du mouvement caractéristiques de cette maladie, lorsqu'elles choisissent d'exciter leurs noyaux gris centraux au moyen d'une stimulation intracérébrale profonde. Cette technique a été mise au point sur le singe par l'équipe de Bernard Bioulac à Bordeaux, puis reprise par l'équipe dirigée par Alim-Louis Benabid à Grenoble pour traiter des patients[31].

En 2009, pour traiter cette maladie invalidante et non curable, Miguel Nicolelis a poursuivi ses exploits en délivrant des impulsions électriques dans la moelle épinière au lieu de l'encéphale. Ses premières expérimentations sur des modèles animaux de syndrome parkinsonien ont été couronnées de succès[32]. En quelques secondes, la stimulation d'implants placés dans la moelle épinière permet d'améliorer la mobilité réduite des rats et souris parkinsoniens. Les chercheurs montrent que l'activité motrice des rongeurs est démultipliée d'environ trente fois et les mouvements moteurs sont plus rapides et précis lorsque de légères impulsions électriques sont délivrées. L'étape suivante consistera à employer cette même stratégie chez les primates non humains, avant de passer au cas humain.

On peut enfin noter des travaux récents qui montrent que l'interface cerveau-machine peut être utile aussi pour traiter certains désordres psychiatriques. L'exemple le plus éloquent dans ce domaine naissant de la psychiatrie moderne concerne les enfants atteints de troubles déficitaires de l'attention avec ou sans hyperactivité (TDAH). Cette pathologie est un syndrome comportemental caractérisé par trois composantes : inattention, hyperactivité et impulsivité. Bien évidemment, ces caractéristiques se retrouvent chez tous les êtres humains, mais on diagnostique un TDAH lorsque ces composantes sont présentes de façon prononcée et prolongée chez l'enfant[33]. Il est encore impensable, de nos jours, de prévenir l'apparition du TDAH puisque les causes restent incertaines. Il n'existe pas non plus de traitement véritablement curatif. En revanche, une étude[34] montre que des enfants souffrant de TDAH améliorent significativement leurs performances cognitives grâce à un entraînement intensif qui leur permet d'agir directement sur leurs propres activités électriques cérébrales. Cette approche, nommée le neurofeedback[35], permet d'améliorer l'ensemble des symptômes primaires du TDAH (*cf.* Annexe I). Pour ce faire, des capteurs sont posés sur la tête de l'enfant puis reliés à un écran qui rend visibles les signaux électriques émis par le cerveau sous forme d'ondes cérébrales[36]. Ce dispositif offre à l'enfant la possibilité d'observer son propre état d'attention durant une tâche précise. Il peut donc s'exercer à le reproduire, le maintenir ou le renforcer. En somme, le neurofeedback permet d'accéder à un niveau de conscience distinct de la conscience ordinaire. Ainsi, l'aptitude réflexive du cerveau à se corriger peut fonctionner pleinement[37]. Cette capacité d'autoajustement est un aspect essentiel du fonctionnement normal du cerveau, comme nous l'avons vu précédemment. La pratique répétée des fonctions cognitives pourrait améliorer durablement les capacités du sujet et muscler son cerveau selon un processus d'apprentissage similaire à celui qui préside dans les salles de musculation.

L'efficacité de ces programmes de rééducation cognitive commence à être explorée chez l'adulte porteur d'un TDAH. En comparant un groupe traité à un groupe contrôle, une équipe australienne a montré l'intérêt d'une série de huit séances de rééducation ciblant attention, planification, contrôle exécutif, maîtrise de la colère et estime de soi[38]. Comme l'a montré Jean-Michel Guilé à Montréal, il est désormais possible d'enrichir chez les enfants la prise en charge des TDAH en employant les nouveaux outils informatiques de remédiation cognitive que nous avons aperçus dans le chapitre précédent de cet ouvrage ; outils qui sont venus s'ajouter aux traitements non médicamenteux des TDAH[39]. Les comparaisons entre les résultats obtenus par ces méthodes et ceux dus à une médication efficace de type Ritaline® (méthylphénidate) soulignent l'équivalence et parfois même la supériorité du neurofeedback sur les traitements pharmacologiques[40]. Grâce à ce succès, des essais cliniques sont actuellement conduits pour mesurer l'impact du neurofeedback sur d'autres troubles de l'humeur comme la dépression (*cf.* Annexe I).

Ces quelques exemples montrent la diversité des champs d'application des interfaces cerveau-machine dans le domaine des maladies neurologiques et psychiatriques (loin du clivage esprit/matière c'est toujours du cerveau qu'il s'agit). Ils montrent aussi combien cette discipline de haute technologie est en train d'envahir divers champs de notre vie quotidienne. Ces avancées technologiques s'accélèrent au fur et à mesure des améliorations des méthodes d'enregistrement et de traitement de l'activité cérébrale. À terme, ce sont plusieurs dizaines de millions de patients dépendants dans le monde, dont seize millions de personnes souffrant de paralysie cérébrale et au moins cinq millions de victimes d'une lésion de la moelle épinière qui pourraient bénéficier des mises au point des cerveaux-machines pour retrouver une certaine autonomie. En France, cela concernerait près de cent cinquante-sept mille patients atteints de traumatisme crânien, dont douze mille nouveaux cas graves par an et environ mille cas de lésions de la moelle épinière chaque année, sans compter le nombre élevé de personnes souffrant de désordres psychologiques. Tous ces exemples montrent combien l'avènement des cerveaux-machines, tant redoutés par certains, reste fortement souhaité par d'autres.

LA PIERRE DE ROSETTE DES NEUROLOGUES

Pour être efficace, l'interface cerveau-machine doit comporter un petit nombre d'entités qui doivent fonctionner en harmonie. En premier lieu, l'interface doit être pourvue d'un système d'entrée permettant l'acquisition de signaux cérébraux, puis leur traitement pour classifier et décoder ces mêmes signaux. À côté du système d'entrée, l'interface est munie d'une sortie constituée d'une commande mécanique sur un élément de l'environnement (un clavier virtuel, un fauteuil roulant, une prothèse articulée, etc.). Enfin, une boucle finale d'apprentissage par rétroaction permet à l'utilisateur de progresser dans la maîtrise de l'interface et, réciproquement, à l'interface d'affiner l'interprétation des activités cérébrales du patient. Nous vous invitons à nous suivre dans les méandres du cerveau où la pensée naît à partir de l'électricité.

Pour être décryptés par une interface cerveau-machine, les signaux cérébraux doivent remplir deux critères : pouvoir être facilement déclenchés lors d'une tâche mentale, puis être aisément détectés à partir d'un signal noyé dans le bruit. Par exemple, le calcul ou la rotation mentale d'un objet dans l'espace sont parmi les activités les plus faciles à mettre en œuvre dans le cadre d'une interface cerveau-machine, car ces activités remplissent les critères de choix. Stanislas Dehaene, du Collège de France, a démontré la façon dont l'activité cérébrale traduit la hiérarchisation des informations perçues lors d'un calcul mental ou d'une rotation mentale[41]. Cette faculté pourrait faire l'objet d'applications dans l'évaluation de l'état des personnes plongées dans le coma, de leurs possibilités de réveil et l'anticipation de leurs éventuelles séquelles, pour ne citer que quelques exemples les plus saillants.

Les signaux corticaux captés à la surface du cerveau proviennent de l'activité électrique des neurones. Il existe deux manières de les saisir selon que la méthode est invasive ou non. Lorsque l'acquisition est invasive, une électrode unique ou une grille d'électrodes est implantée à travers la boîte crânienne. Cette approche offre une excellente résolution spatiale puisqu'elle permet de mesurer la sensibilité d'un neurone ou d'un microréseau de neurones. Une grille d'électrode posée sous, ou sur, la dure-mère, permet de produire un électrocorticogramme local et précis. Les techniques non invasives consistent à placer les électrodes sur le cuir chevelu afin de mesurer l'activité d'un plus grand nombre de neurones et produire ainsi un électroencéphalogramme. Dans ce cas, la résolution spatiale est bien moins bonne : il est difficile de localiser précisément l'origine du signal et la durée d'enregistrement se limite à quelques jours.

Les manifestations de l'activité électrique cérébrale sont plus ou moins complexes à traiter, selon qu'il s'agit d'impulsions électriques générées par un seul neurone ou bien d'analyser l'activité de plusieurs milliers d'entre eux qui se traduit par des potentiels corticaux lents, une activité oscillatoire sensori-motrice, soit par des potentiels évoqués.

L'utilisation des interfaces cerveau-machine à des fins thérapeutiques reste longue et fastidieuse, car elle implique des processus d'apprentissage successifs qui associent le sujet à la machine asservie. Actuellement, les interfaces invasives essentiellement développées et appliquées chez le singe (le seul modèle animal proche de l'être humain en raison de sa dextérité manuelle) sont déjà en service. À l'aide d'un doigt robotique, activé par des muscles artificiels pneumatiques mimant la main humaine, il est possible, on l'a vu, d'utiliser des signaux intracérébraux recueillis chez le singe pour répliquer avec le doigt artificiel les mouvements du doigt du singe. En réussissant à reconstituer les mouvements à partir de signaux préenregistrés chez le singe, on peut généraliser ce contrôle moteur à plusieurs doigts pour atteindre une dextérité suffisante pour la manipulation d'objets.

Nul doute que la portée de ces apports technologiques bouleversera radicalement la qualité de vie des personnes âgées ou de celles qui sont atteintes d'un handicap moteur ou sensoriel. Il est probable que ces avancées diffuseront à l'ensemble des activités humaines, et ce, bien plus vite que les spécialistes ne peuvent le prédire aujourd'hui. Bien sûr, ces progrès, comme les autres avancées réalisées auparavant, ne sont pas sans soulever nombre de craintes et de questions sociales, culturelles ou morales, parfois fondées. Rappelons toutefois que les interfaces cerveau-machine sont nées des progrès de la technique pour traiter des handicaps physiques ou mentaux qui restaient irréparables jusqu'à présent. Faut-il s'en plaindre ?

L'humanité pourra-t-elle vraiment tourner le dos à ces technologies ? Face à cette question, deux positions s'affrontent aujourd'hui. Si les interfaces concernent des situations pathologiques pour lesquelles l'interaction biologie/électronique est indispensable, les objections éthiques sont passées sous silence au regard des améliorations possibles que ces outils apportent aux conditions de vie des malades. Nous acceptons aisément l'idée de croiser dans la rue des individus pourvus d'un stimulateur cardiaque ou pacemaker. En revanche, les craintes sont plus fortes lorsqu'il s'agit d'imaginer la possibilité d'une fusion de l'humain avec la machine. Les réticences semblent nombreuses lorsque nous apprenons qu'il est désormais possible d'apporter des modifications surnuméraires permettant d'ajouter un membre bionique, ce qui changerait la structure fondamentale de l'humain, censé être issu de l'ordre « naturel », ou permettrait de percevoir un monde qu'une rétine naturelle n'appréhende pas.

Malgré ses grandes facultés de plasticité, le cerveau pourrait-il supporter un accroissement sans limite d'éléments venant s'ajouter à ceux qui relèvent de son champ

« naturel » et qu'il devrait cependant contrôler ? Dans ce domaine, comme celui de la biotechnologie en général, il reste à définir le domaine des applications à la fois cliniques, sociétales et fondamentales de l'usage des interfaces cerveau-machine. En remplaçant des parties de notre corps « naturel » par des dispositifs bioniques bourrés de composants électroniques et autres avatars mécaniques, l'humanité s'approche progressivement d'une spéciation capable de remplacer *Homo sapiens* par une nouvelle espèce[42]. Pour certains prophètes de malheur, l'arrivée des cyborgs[43] provoquerait alors une forme de régression de l'espèce. Dans un article daté de 2004 et intitulé « Cyborg morals, cyborg values, cyborg ethics[44] », Kevin Warwick, professeur de cybernétique à l'Université de Reading en Angleterre, lui-même considéré comme un cyborg puisqu'il s'est fait implanter dans l'avant-bras un microprocesseur, exprimait son enthousiasme face aux avancées cybernétiques, ce qui ne l'empêchait pas d'évoquer les craintes sociales et psychologiques que les microprocesseurs pouvaient induire, s'ils étaient directement attachés au cerveau ou à d'autres parties du système nerveux central. Le professeur Chris Crittenden, spécialiste d'éthique à l'Université du Maine aux États-Unis, concluait quant à lui que les cyborgs pourraient inciter l'humanité à s'engager dans ce qu'il appelle la « désélection individuelle » : « Notre culture axée sur la technologie est la première étape dans la descente vers une désélection individuelle et vers une destruction apocalyptique de notre communauté humaine », déplorait-il. Alors, sommes-nous à l'aurore d'une désélection individuelle ou bien entrons-nous dans une ère où l'humanité prendra pleinement le contrôle de son environnement ? À chacun sa réponse...

DES ROBOTS DOTÉS DE NEURONES

Les êtres humains ne sont pas les seuls à pouvoir bénéficier des prouesses technologiques de la recherche biomédicale. Il existe aussi un robot fonctionnant avec un véritable petit cerveau biologique. Ses neurones sont capables d'apprendre des comportements relativement simples comme ceux qui permettent d'éviter un obstacle. Ce robot a été mis au point à l'Université de Reading en Grande-Bretagne par l'équipe de Kevin Warwick. Dénommé Gordon, ce robot possède un cerveau biologique formé de cellules nerveuses prélevées chez un rat. Après biopsie, les cellules nerveuses ont été dissociées puis disposées sur un substrat comportant une soixantaine d'électrodes. En quelques heures, les cellules nerveuses établissent de nouveaux contacts entre elles et, en vingt-quatre heures, un réseau complexe de circuits nerveux se forme *in vitro*. Sept jours après avoir été maintenus de façon artificielle dans cet environnement, les neurones déchargent des impulsions électriques spontanées qui sont identiques à celles qu'on observe naturellement dans un cerveau éveillé en quête d'informations. L'astuce a consisté à relier les électrodes sur lesquelles vit ce petit amas de cellules nerveuses, aux commandes motrices du robot. Désormais, Gordon reste sous contrôle de ce petit cerveau de rat qui lui permet d'apprendre certaines tâches. Lorsqu'il heurte un mur, par exemple, le cerveau reçoit cette information sous la forme d'une stimulation, puis il apprend par répétition à contourner l'obstacle. Certes, le répertoire des comportements appris reste très limité pour l'instant. Toutefois, les chercheurs estiment qu'à peine cent mille neurones sont en activité dans ce petit cerveau maintenu en survie. Les prouesses techniques de

Gordon sont donc à comparer à celles du rat qui, lui, possède environ un million de neurones, ou à celle de l'humain qui en possède plusieurs dizaines de milliards. En cherchant à augmenter le nombre de neurones capables de survivre dans un milieu artificiel, les chercheurs ont donc bon espoir de voir un jour Gordon accomplir des tâches bien plus complexes que celle du simple évitement d'obstacle.

FIAT LUX

Une nouvelle discipline de la biologie, l'optogénétique, est née il y a quelques années. Cette discipline associe la génétique aux outils de l'optique moderne pour révéler la fonction précise des circuits nerveux, et souligner ainsi leur relation potentielle avec des tâches comportementales bien précises. Ce tour de force a d'abord été réalisé en 2002 par Gero Miesenböck[45], alors jeune chercheur travaillant au Centre du cancer Sloan-Kettering de New York, sur la mouche du vinaigre (*Drosophila melanogaster*[46]). La généralisation de cette approche aux mammifères a été assurée par l'équipe de Karl Deisseroth, de l'Université Stanford[47]. Miesenböck et Deisseroth ont tous deux contribué à montrer comment la biologie moléculaire pouvait fusionner avec les méthodes optiques pour activer ou inhiber rapidement, comme à l'aide d'un interrupteur, un ensemble de neurones par la lumière et, par là même, le comportement d'un organisme vivant, que ce soit un ver, une mouche ou un mammifère.

Aujourd'hui, grâce à la lumière maîtrisée (fibre optique, laser, etc.), cette technique permet de contrôler les fonctions cérébrales des mammifères avec une précision dans le temps et dans l'espace, jusque-là inégalée. Cette possibilité constitue une véritable révolution si l'on tient compte du fait que la lumière maîtrisée en microscopie du vivant était jusque-là limitée aux outils d'observation qui ont permis des études morphologiques classiques, depuis la forme générale des neurones[48] jusqu'au mouvement intime de molécules identifiées dans une cellule[49].

Pour bien comprendre la logique de cette méthode hybride entre la génétique et l'optique, il nous faut d'abord rappeler les principes de fonctionnement d'une cellule nerveuse. Les neurones sont des cellules excitables, c'est-à-dire que leur membrane est perméable, de façon sélective, à certains ions, comme le sodium, le calcium, le chlorure ou le potassium. Leurs déplacements s'accompagnent de changements de charge qui agissent sur la polarisation de la membrane des neurones en produisant des potentiels locaux ou propagés sous la forme d'impulsion (potentiel d'action). De plus, les cellules nerveuses sont des éléments conçus pour recevoir et émettre de l'information portée par les potentiels. Cette information est transmise par l'intermédiaire de jonction électrique ou bien par l'activation de récepteurs aux neuromédiateurs. Le principal neuromédiateur excitateur du cerveau est le glutamate. Ce médiateur est libéré par une région précise du neurone nommée synapse[50] par Charles Sherrington[51] pour indiquer qu'il s'agit d'une zone de connexion entre neurones[52]. Une fois libéré, le glutamate active des récepteurs présents à la surface de la membrane du neurone d'en face, déclenchant ainsi le déplacement de charges positives portées par des cations (éléments chargés positivement comme le sodium, le calcium et une variété d'autres petits ions comme le potassium) à l'intérieur du neurone et, si l'amplitude est suffisante, atteindre le seuil d'excitabilité du neurone et engendrer un potentiel d'action.

En raison des propriétés électriques de la membrane des neurones, les scientifiques ont utilisé jusqu'à présent l'électricité pour stimuler les neurones ou les synapses. L'inconvénient majeur de cette approche réside dans l'absence totale de spécificité lorsque le courant est délivré dans le tissu nerveux et se propage à toutes les structures conductrices. Pour contourner le problème, des chercheurs se sont mis en quête de découvrir un procédé qui pourrait détrôner l'électricité. La découverte de récepteurs capables d'être activés rapidement et de façon réversible par un rayon lumineux a invité les chercheurs à remplacer l'électricité par la lumière. Les récepteurs rhodopsines présents dans la rétine ou encore dans le phytochrome des plantes sont des exemples de récepteurs sensibles à la lumière. C'est toutefois un canal ionique exprimé par une cellule procaryote[53] qui a très vite attiré l'attention des neuroscientifiques. Cette protéine perméable aux cations[54] fait office de récepteur sensoriel à la lumière chez l'algue unicellulaire verte *Chlamydomonas reinhardtii*. Nommé canal membranaire rhodopsine-2 (ou channelrhodopsine) du fait de sa parenté avec la rhodopsine de la rétine, ce récepteur est sensible à la lumière. L'absorption maximale de la lumière s'effectue pour une longueur d'onde d'environ 440 nanomètres, ce qui correspond à la lumière bleue des fonds océaniques où réside cette algue. Ce récepteur sensoriel permet à l'algue photosensible de contrôler nombre de fonctions cellulaires comme le maintien de l'acidité intracellulaire, l'afflux de calcium, et l'excitabilité électrique. Le couplage direct de la lumière au canal dépolarise (potentiel plus positif) rapidement et fortement le potentiel de membrane, deux paramètres qui ont facilité l'usage de cette protéine en neurobiologie.

Rien ne sert d'exciter les neurones si l'on n'est pas capable d'assurer aussi leur inhibition. Il existe une pompe à protons (sélective aux protons et au chlorure, ion chargé négativement) activée par la lumière jaune aux longueurs d'onde proches de 584 nanomètres. Cette pompe membranaire, nommée halorhodopsine, a été isolée puis caractérisée à partir de l'archéobactérie saharienne *Natronomonas pharaonis*. Introduite dans un neurone, elle rend le potentiel membranaire plus négatif sous la lumière jaune, ce qui produit l'effet opposé de la channelrhodopsine : une inhibition.

Channelrhodopsine et halorhodopsine sont donc deux « interrupteurs » qui permettent à l'expérimentateur de décider d'exciter (channelrhodopsine) ou d'inhiber (halorhodopsine) un neurone donné en choisissant de l'éclairer par un faisceau lumineux dont la longueur d'onde peut être précisément restreinte au bleu ou au jaune[55]. Puisque le système channelrhodopsine/halorhodopsine peut être génétiquement transféré aux neurones d'une classe spécifique ou à toute autre cellule excitable concernée par une maladie (système immunitaire par exemple), la capacité d'utiliser la lumière pour inhiber ou activer des circuits nerveux peut avoir des applications pratiques en thérapie pour la clinique humaine, dans le cas de la maladie de Parkinson, par exemple.

Les propriétés intrinsèques des protéines de la famille des rhodopsines (activation rapide et soutenue en présence de lumière puis fermeture rapide du canal en absence de lumière) en font des protéines de choix pour pouvoir moduler, à façon, le potentiel électrique de la membrane et donc l'état d'activation des cellules nerveuses. Parce que la protéine de l'algue verte n'est naturellement pas présente dans la membrane des neurones, les chercheurs ont recours à la génétique (d'où la terminologie « optogénétique ») pour forcer son expression dans les cellules ciblées. C'est grâce à l'utilisation de vecteurs viraux contenant l'ADN complémentaire codant pour la rhodopsine que l'on force l'expression de ce récepteur à la lumière dans une population de neurones présentant un intérêt[56]. Une fois infectés par le virus, les neurones répondent à la stimulation lumineuse (appliquée sous la forme d'un flash durant quelques millisecondes) par une dépolarisation qui, si elle est suffisante, peut engager le neurone à décharger des impulsions électriques[57]. Cette stimulation photonique est évidemment réversible, puisque dès l'arrêt du flash lumineux, le potentiel de la membrane du neurone retourne à sa valeur initiale, et les impulsions cessent dès lors.

Aujourd'hui, les stimulations lumineuses sont en passe de détrôner les stimulations électriques qui avaient permis tant d'avancées aux neurobiologistes, depuis Volta qui décrit en 1792 les conditions d'excitation des muscles d'une grenouille jusqu'à Penfield[58] et son fameux homoncule[59] dessiné par des stimulations électriques délivrées à la surface du cortex. On savait par exemple que des stimulations électriques de l'ordre du microampère, appliquées au niveau du cortex somato-sensoriel primaire, pouvaient induire des sensations comparables à celles qu'évoquent des stimulations tactiles délivrées en périphérie[60]. Cependant, ces stimulations corticales ne permettaient de connaître ni la quantité ni l'identité des neurones à l'origine de la sensation perçue. En 2008, un laboratoire a profité des avantages de l'optogénétique pour réaliser des microstimulations fondées sur l'emploi de la lumière pour activer précisément un groupe de neurones du cortex[61]. L'objectif affiché de cette expérience n'était rien de moins que de pouvoir définir les bases cellulaires de la perception. Grâce à la lumière, en stimulant spécifiquement l'activité d'un groupe de neurones du cortex somato-sensoriel primaire de rongeurs, ces chercheurs ont montré qu'une stimulation d'un très faible nombre de neurones (trois ou quatre) suffisait pour déclencher une perception sensorielle similaire à la stimulation d'un poil de la moustache de souris. Dans ce cas, la source de stimulation ne provenait pas de l'environnement de l'animal, mais d'une diode électroluminescente (LED) miniature placée à la surface du cortex. Munie de ce dispositif, la souris reçoit un flash lumineux qui stimule directement les neurones corticaux capables d'exprimer la rhodopsine. Le nombre de neurones recrutés par la stimulation lumineuse est directement proportionnel à l'intensité lumineuse utilisée.

Comment peut-on s'assurer que les rongeurs perçoivent bien le flash lumineux comme une véritable stimulation sensorielle ? Pour ce faire, les souris ont été soumises à une tâche de conditionnement de type pavlovien[62]. Des rongeurs ont été entraînés à associer la stimulation lumineuse des neurones corticaux à une récompense, en l'occurrence une goutte d'eau, uniquement délivrée lorsque leur museau était introduit dans le bon orifice du dispositif expérimental. Les animaux débutent alors le test en plaçant leur museau dans une cavité centrale, puis reçoivent cinq brefs flashs lumineux toutes les 50 millisecondes (soit 20 hertz) dans le cortex somato-sensoriel primaire. Après avoir reçu cette salve de stimulation photonique, les souris placent leur museau dans l'orifice situé à gauche de la position initiale ou bien du côté droit, lorsque la stimulation photonique n'a pas été délivrée. En quelques séances d'entraînement, toutes les souris exprimant la rhodopsine atteignent rapidement un taux de réponses correctes d'environ huit tentatives sur dix. Pour parvenir à ce niveau de performance, il faut stimuler au moins soixante neurones. En revanche, si une seule stimulation lumineuse est délivrée au lieu de cinq, ce qui induit donc une seule impulsion électrique dans les neurones stimulés, c'est près de trois cents neurones qu'il faut recruter simultanément pour obtenir le même taux de réponses correctes. Ces expériences montrent que la formation d'un percept nécessite donc l'activation de soixante neurones déchargeant simultanément environ cinq impulsions chacun ou bien trois cents neurones qui émettent individuellement une seule impulsion. De façon surprenante, ces expériences témoignent du fait que les circuits nerveux peuvent choisir un fonctionnement de type collectif ou à l'inverse de type individuel. Dans tous les cas, c'est un nombre relativement restreint de neurones activés qui est nécessaire pour qu'un percept puisse être construit et conduire l'animal à prendre une (bonne) décision[63].

À l'Institut Pasteur, concernant les mêmes préceptes, nous venons de montrer que les nouveaux neurones naissant dans le cerveau adulte pouvaient être stimulés par la lumière[64]. Nous avons réalisé ce tour de passe-passe en associant les outils de l'optique à ceux de la génétique pour rendre les nouveaux neurones sensibles à la lumière. L'expression spécifique de la rhodopsine dans les nouveaux neurones nous a permis de prendre le contrôle de leur activité électrique simplement à l'aide de flashs lumineux. Pour la première fois, cette méthode a révélé les signaux émis par les nouvelles cellules nerveuses, et identifié précisément la nature de leurs cibles dans le bulbe olfactif.

Avec l'essor d'outils utilisant la lumière comme source d'excitation, ou d'inhibition, des circuits nerveux[65], il est certain que l'optogénétique nous réserve encore de nombreuses autres surprises en matière de compréhension des relations qui lient l'activité des circuits du cortex aux différentes facettes du comportement. *Fiat lux !*

Profitant des avantages offerts par l'optogénétique, Botond Roska, chercheur du Friedrich Miescher Institute for Biomedical Research de Bâle, a introduit l'halorhodopsine, une pompe d'origine bactérienne capable de déplacer les ions chlorures après activation par la lumière, dans la rétine[66] d'une souris aveugle. Ce travail conduit par l'équipe de Roska, en association avec l'équipe de José-Alain Sahel à l'Institut de la vision à Paris, a été réalisé sur des souris atteintes d'une maladie dégénérative de la rétine ; maladie d'origine génétique et encore incurable. L'objectif affiché de ces travaux est simple : pouvoir restaurer la fonction visuelle de la rétine en introduisant un récepteur à la lumière dans les neurones survivants. Puisque la maladie qui affecte les souris se traduit par la dégénérescence des photorécepteurs, ces chercheurs ont dû introduire le récepteur à la lumière dans les cellules de la rétine qui pouvaient survivre à la maladie dégénérative (ce modèle murin correspond, chez l'homme, surtout à la rétinopathie pigmentaire[67] et, dans une moindre mesure, à la dégénérescence maculaire liée à l'âge[68]) mais qui n'exprimaient pas le récepteur à la lumière. À l'aide d'un virus, l'halorhodopsine a été introduite dans les cellules (les cônes) résiduelles de la rétine qui ont perdu leur photosensibilité. Ces essais ont montré que les souris aveugles recouvrent une partie de leur sensibilité à la lumière[69]. Ces mêmes chercheurs ont montré également que les photorécepteurs humains, prélevés de façon *post mortem* à partir d'explants rétiniens, pouvaient subir le même traitement pour accroître leur sensibilité à la lumière, ouvrant ainsi la porte aux essais cliniques chez l'homme.

Les applications de l'optogénétique vont bien au-delà de la réparation de la rétine. K. Deisseroth et son équipe ont montré par exemple leur capacité à cibler différents types de neurones du cerveau[70]. Ce ciblage précis permet de mieux connaître les mécanismes neurologiques des troubles de la psyché. En ciblant l'hypothalamus, les scientifiques sont même capables de créer des besoins et désirs vitaux chez les animaux[71]. L'optogénétique est aussi au cœur des recherches qui visent à mieux expliquer les troubles neurologiques de l'addiction. Les stimulations lumineuses permettent de contrôler des circuits nerveux impliqués dans les comportements de dépendance aux drogues. Des souris qui se déplacent librement reçoivent des flashs lumineux dans le cerveau lorsqu'elles rentrent dans une zone appelée « chambre du plaisir ». En quelques séances, les souris apprennent à passer la plupart de leur temps dans cette chambre en évitant soigneusement les autres pièces du dispositif expérimental.

Aujourd'hui, l'optogénétique est en passe de devenir une technologie utile pour traiter les désordres psychologiques de l'homme. Ce bouleversement technologique n'est pas sans soulever nombre de questions. Que se passera-t-il quand la manipulation génétique et les appareils électroniques miniaturisés capables de délivrer de la lumière, nous permettront de cibler directement certaines régions de notre cerveau et de les stimuler à volonté par la lumière ? Qu'allons-nous faire des connaissances acquises en matière de stimulation de l'hypothalamus et de cette possibilité de rendre n'importe quelle personne affamée, en colère ou excitée ? Il existe bien sûr déjà des sujets auxquels on a implanté des électrodes pour traiter une épilepsie récurrente ou bien connecter des neurones à un ordinateur. Comme nous l'avons déjà décrit, une procédure relativement nouvelle permet même de délivrer des stimulations électriques aux structures cérébrales profondes pour traiter des personnes atteintes de la maladie de Parkinson.

En effet, cette maladie est en passe de bénéficier aujourd'hui, elle aussi, des miracles de la lumière. Rappelons que cette pathologie fortement invalidante concerne cent mille personnes en France avec huit mille nouveaux cas chaque année. Elle commence souvent entre 50 et 65 ans et s'accompagne d'une triade de symptômes moteurs : tremblements au repos, une rigidité musculaire et l'incapacité de réaliser certains mouvements. Selon le degré d'avancement de la maladie, les sujets peuvent souffrir, ou non, de difficultés d'élocution, voire de dépression. Cette maladie résulte d'une perte sélective des neurones à dopamine situés dans une région centrale du cerveau que l'on nomme « substance noire ». On ignore encore précisément la cause de cette infirmité. Un médicament, la L-dopa, compense le manque de dopamine.

Or, quand cette substance n'est plus (ou pas) efficace, il existe un traitement chirurgical qui consiste à implanter une électrode dans une autre région profonde du cerveau, le noyau sous-thalamique et à stimuler électriquement cette zone. Cependant, si cette stimulation cérébrale profonde réduit, voire élimine, les symptômes moteurs de la maladie, elle ne compense pas la perte de dopamine liée à la disparition des neurones dopaminergiques. Autre inconvénient majeur : il est difficile de déterminer les conséquences de la stimulation électrique sur la motricité, car le noyau sous-thalamique est très hétérogène et les neurones ciblés réagissent de façon imprévisible aux stimulations électriques.

Au cours de récentes recherches, Karl Deisseroth et ses collègues ont utilisé l'optogénétique pour comprendre comment la stimulation lumineuse exerce ses effets thérapeutiques[72]. Dans ce cas, la procédure visait à cibler l'expression de gènes particuliers de la famille des rhodopsines pour stimuler spécifiquement par la lumière, les neurones engagés dans le contrôle de la motricité. Cette équipe a visualisé d'abord, en temps réel, les circuits qui s'activent chez le rat éveillé, lorsque celui-ci planifie une séquence de mouvements volontaires. Les neurobiologistes ont ensuite reproduit les mêmes effets en stimulant par la lumière chaque type de neurones dans chaque région des circuits moteurs engagés. L'excitation lumineuse profonde stimule directement les neurones du cortex moteur qui sont connectés au noyau sous-thalamique. Grâce à cette stimulation photonique, l'activité normale des ganglions de la base et du cortex moteur peut être rétablie.

LE DOPAGE CÉRÉBRAL

Nous acceptons aisément l'idée de pouvoir nous faire refaire le nez, de porter des lunettes pour corriger un défaut de notre vision, de gommer telle ride disgracieuse à coups de Botox ou encore d'acheter un soutien scolaire à notre enfant pour accroître ses performances intellectuelles. Qu'elle soit physique ou mentale, nous considérons qu'une imperfection génétiquement héritée, ou acquise, peut être traitée comme n'importe quel autre besoin, vital ou non. Si ce choix ne soulève aucun problème éthique, que penser alors des médicaments que l'on peut détourner non pour soigner, mais pour accroître le rendement et la productivité de notre cerveau ? Ces molécules capables de doper l'intelligence ou la mémoire existent déjà. On peut ainsi utiliser certains médicaments hors de leur contexte thérapeutique classique, pour améliorer nos fonctions mentales ou augmenter notre intelligence. Pour autant, sommes-nous vraiment prêts à accepter que d'aucuns usent de stimulants cognitifs et autres psychotropes ? Comparable à celui des sportifs, le dopage cérébral est-il soluble dans la société ?

Ces questions ont été au cœur du débat qui s'est engagé entre neuroscientifiques et philosophes, sous le double patronage de la National Science Foundation et de la New York Academy of Sciences. Animée par le professeur Judy Illes de la faculté de médecine de Stanford, cette rencontre s'est attachée à cerner les problèmes liés à l'utilisation des nouvelles technologies à des fins non thérapeutiques. Les nouvelles avancées fondamentales des neurosciences et leurs applications technologiques permettent aujourd'hui d'offrir à tout individu un arsenal d'outils capables d'améliorer la motricité, la perception, l'attention ou la mémoire. Les possibilités d'accroître les pouvoirs d'un cerveau sont désormais multiples, qu'elles soient fondées sur l'utilisation de molécules ou sur l'usage d'implants ou de neuroprothèses[73].

Visant l'amélioration des performances de l'individu, les progrès technologiques récents soulèvent de nouvelles interrogations quant au respect des valeurs morales, des règles juridiques, voire touchant la santé même des personnes ainsi traitées[74]. Doit-on anticiper et encadrer les conséquences qu'elles pourraient avoir une fois appliquées au cerveau ? L'objectif de cette rencontre était aussi d'apporter un regard croisé sur les progrès récents de la technoscience[75] et d'anticiper sur ses implications sociétiales, morales et juridiques. Il est temps en effet d'entamer une réflexion sur les limites à poser à l'utilisation des nouvelles technologies et autres amplificateurs cognitifs communément appelés *smart drugs*[76]. En intervenant directement sur le cerveau et en cherchant à l'« augmenter », c'est-à-dire à le rendre capable de fonctionner hors norme[77], on touche peut-être à l'être même de l'homme. Le débat est ouvert. Tandis que les philosophes apportent des réponses, les savants s'affairent à « maîtriser » la question. Y aura-t-il une véritable fusion des deux points de vue ?

Le débat sur la consommation détournée des médicaments prescrits initialement pour traiter certaines pathologies, comme les déficits d'attention ou la narcolepsie, reste ouvert et les opinions tranchées. Pour certains, la possibilité d'améliorer nos performances intellectuelles serait une source potentielle de discrimination des êtres humains et donc d'inégalités sur la planète. Selon cette vision prophétique, il y aurait ceux qui pourraient demain s'offrir des traitements capables d'améliorer leurs facultés intellectuelles et puis les autres, dépourvus de ressources leur permettant d'accéder à cette médecine afin d'augmenter leurs capacités. Nous acheminons-nous vers une société à deux vitesses, où les nantis, une poignée, pourraient s'offrir un dopage cérébral, tandis que les autres resteraient écartés de nouveaux savoirs et autres prouesses intellectuelles ? Dans ce cas, le dopage cérébral représenterait un facteur important et dangereux de discrimination. Que se passerait-il, si certains élèves ou étudiants avaient accès au dopage cérébral pour accroître leurs performances sur les bancs de l'école, alors que le reste de la classe n'en bénéficierait pas ? Les professeurs devraient-ils inciter l'ensemble des élèves à en faire autant ?

Fait plus grave pour ces mêmes détracteurs, greffer des implants cérébraux, utiliser des neuroprothèses ou implanter des puces mémoire reviendrait à modifier tout ou partie de l'identité humaine. Pour satisfaire des besoins économiques par exemple, il serait ainsi possible de mettre en place une véritable gestion sociale de nos activités mentales. Nous perdrions notre libre arbitre pour nous soumettre à la dictature de l'outil. Selon ce point de vue, la possibilité de quintupler les fonctions mentales de l'être humain marquerait, sous l'influence croissante des cybernéticiens, le début d'une transformation radicale de la conception de l'homme définie par les humanistes au siècle des Lumières[78].

À l'inverse, convaincus des avantages apportés par les applications technologiques au service de l'être humain, d'autres encouragent le développement du dopage cérébral. Pour les partisans de ce dernier, *Homo sapiens* a toujours cherché et réussi à accroître ses facultés mentales en découvrant, par le truchement du hasard, les vertus d'une tasse de café au réveil ou d'une bouffée de cigarette pour rester éveillé lors de longues nuits blanches. Les molécules produites par l'industrie pharmaceutique pour doper l'intelligence ou la mémoire ne seraient qu'une des multiples réponses possibles apportées à cette quête.

Pour le pire comme pour le meilleur, la Ritaline®, le Modafinil® ou encore les amphétamines ont encore de beaux jours devant eux. La consommation de ces *smart drugs* et autres psychostimulants est en constante progression. Par exemple, pour combattre les troubles psychiatriques de l'enfant ou de l'adolescent, on n'hésite plus à prescrire de la Ritaline® à ceux qui sont atteints de troubles déficitaires de l'attention (TDAH, voir le chapitre précédent). Ces enfants voient alors leur état s'améliorer significativement. Un autre produit récent de l'industrie pharmaceutique, le Modafinil®, est capable d'augmenter l'attention et la mémoire, mais aussi de réduire les heures de sommeil. La structure de cette molécule et son mode d'action sont très différents des psychostimulants. Généralement utilisé pour traiter l'hypersomnie (sommeil excessif), la narcolepsie (accès brusques de sommeil) et par les travailleurs nocturnes, le Modafinil® vise à prolonger l'éveil. Son action cible l'activité d'un centre nerveux localisé dans le tronc cérébral que l'on nomme locus cœruleus[79]. Aujourd'hui, son utilisation est détournée pour pallier les privations de sommeil exigées dans certaines professions (militaires, pompiers ou infirmières). On trouve de très nombreux sites sur la Toile qui en vantent les mérites et affirment que son efficacité le rapproche des amphétamines avec des effets secondaires seulement « du niveau de la caféine[80] ». Lors de sa mise sur le marché, en 2002, la presse observait déjà que le Modafinil® allait devenir « une drogue style de vie pour une société privée de sommeil vingt-quatre heures sur vingt-quatre et sept jours sur sept[81] ». Pour sa part, la chaîne BBC News[82] annonçait qu'une étude réalisée à partir de soixante volontaires sains montrait qu'il augmentait significativement la mémoire à court terme (dite aussi « mémoire de travail »). Peut-être cette popularité inattendue tient-elle aux limites de la consommation de café et de cigarette, qui ne suffit plus à doper les forçats du travail. Si tel est le cas, la prise de dopants cérébraux ne serait alors qu'un subterfuge permettant aux esclaves modernes de rester dans la course effrénée vers toujours plus de compétitivité, à l'instar de la Reine Rouge, dans *De l'autre côté du miroir* de Lewis Carroll[83].

Aux côtés des psychostimulants et autres substances éveillantes figure une catégorie de nouveaux composés connus pour augmenter l'attention et la vigilance, et pour faciliter l'apprentissage et la mémoire. Qualifiées de *nootro-*

piques, ces substances ont été conçues à l'origine pour les sujets atteints de troubles mnésiques. Aujourd'hui, elles appartiennent à l'arsenal chimique qu'utilisent certains étudiants qui cherchent à améliorer leurs performances intellectuelles. En raison de leur capacité à améliorer les facultés cognitives, ces nouveaux médicaments connaîtront un développement fulgurant dans les prochaines décennies. On consommera principalement des nootropiques pour combattre les troubles de l'attention chez les travailleurs fatigués ou les voyageurs cherchant à se revigorer après de longues heures de vol. Comme exemple de molécules appartenant à cette catégorie, on citera les ampakines, qui ont été découvertes par le neurobiologiste Gary Lynch et ses collègues californiens. Elles favorisent une meilleure conduction de l'influx nerveux par l'activation des récepteurs au glutamate[84]. Initialement, elles ont été développées pour traiter les personnes souffrant de fatigue chronique ou atteintes de la maladie d'Alzheimer. Actuellement, elles sont principalement consommées par des personnes en bonne santé, désireuses de donner un coup de pouce à leur mémoire. À la différence des psychostimulants comme la caféine ou les amphétamines, les ampakines ne semblent pas avoir d'effets secondaires désagréables et durables comme l'insomnie.

Les stupéfiants sont des substances et préparations qui engendrent une dépendance et qui ont des effets de type morphinique, cocaïnique ou cannabique. La cocaïne[85] et les amphétamines[86] augmentent l'éveil en stimulant la libération de dopamine, la molécule du plaisir. Les autres substances importantes qui appartiennent à l'arsenal dopant sont nommées psychotropes. Le terme psychotrope signifie littéralement « qui agit, qui donne une direction » (– trope) au psychisme (des remèdes de l'esprit en somme). En 1957, le psychiatre Jean Delay, qui dirigeait l'Institut de psychologie de l'université de Paris[87], définissait les psychotropes comme « des substances chimiques d'origines naturelles ou artificielles, qui possèdent un tropisme psychologique, c'est-à-dire qui sont susceptibles de modifier l'activité mentale, sans préjuger du type de cette modification ». Toutes les substances psychotropes engendrent une dépendance (les professionnels de la santé mentale qui participent à la rédaction de la cinquième version du *DSM* (pour *Diagnostic and Statistical Manual*) ont remplacé ce terme par celui d'addiction[88]), qu'elles contiennent des amphétamines, des neuroleptiques[89] ou des hallucinogènes comme la mescaline extraite d'un petit cactus d'origine mexicaine utilisé autrefois par des tribus indiennes du Mexique et du sud des États-Unis lors de rites magico-religieux. Cette catégorie de substance chimique agit sur les circuits nerveux de la récompense pour qu'ils activent en permanence les effets de la dopamine.

Les amphétamines sont des produits de synthèse qui agissent aussi comme stimulants du système nerveux central. Elles ont été introduites dans les années 1930 comme remède contre la congestion nasale. À cette époque, elles étaient commercialisées en vente libre sous forme d'inhalateur, la benzédrine. Par la suite, les amphétamines ont été utilisées pour traiter l'obésité puis les troubles de l'humeur. Dans les années 1950, la consommation s'est généralisée aux femmes désireuses de perdre du poids. Cet abus a provoqué un véritable fléau national aux États-Unis, où le nombre d'individus fortement dépendants s'est accru. Autrefois prescrites médicalement comme stimulant, les amphétamines sont classées aujourd'hui dans la catégorie des stupéfiants. Elles maintiennent en alerte les principales fonctions de notre cerveau, d'où leur utilisation contemporaine par des professions désireuses d'améliorer toujours un peu plus leurs performances. Il est commun de voir consommer des amphétamines pour atteindre les standards établis par les meilleurs opérateurs de marché (*traders*) par exemple. Revers de la médaille : cette consommation expose à des risques à la fois physiques et psychiques qui incluent un éveil prolongé pouvant aboutir à un épuisement extrême, une hypertension artérielle avec risque d'hémorragies, d'infarctus, des troubles du sommeil, d'anorexie, des états délirants aigus, une paranoïa, etc. Le « rapport Trend » de l'Observatoire français des drogues et des toxicomanies note que « la consommation des amphétamines existe en France depuis au moins le début des années 1940. Très discrète au commencement, elle prend de l'ampleur au cours des années 1960 sans toutefois atteindre le niveau de certains pays de l'Union européenne comme la Suède ou la Grande-Bretagne[90] ». Dans ce rapport, on apprend aussi que, jusqu'en 1995, l'approvisionnement en amphétamines provenait essentiellement des détournements pratiqués dans le secteur médical. Ensuite, une forme importée d'amphétamine en poudre a fait son apparition pour répondre à la demande croissante du milieu techno[91].

L'ecstasy est une autre substance dopante qui fait beaucoup parler d'elle aujourd'hui, bien que le nombre de consommateurs soit relativement faible avec environ 2 % des personnes âgées de 15 à 65 ans en France. L'ecstasy entraîne une augmentation immédiate et importante de la sérotonine, neurotransmetteur qui intervient dans la régulation de l'humeur, la douleur et l'agressivité, ainsi que de la dopamine, gestionnaire principal des systèmes désirants. Son action rapide est suivie de l'épuisement des stocks en sérotonine et en dopamine. L'ecstasy, ou plus vraisemblablement un ou plusieurs de ses métabolites, agirait en bloquant le système de recapture de la sérotonine et de la dopamine. Malheureusement, l'excès de ces métabolites pourrait contribuer aussi à la destruction des neurones. Si l'ecstasy est le produit donnant le plus de plaisir par rapport aux effets toxiques, il reste également l'un des plus mortels, causant chez certains des troubles psychiques irréversibles. L'autre avatar important de la consommation régulière d'ecstasy est son lien probable avec la dépression et des troubles cognitifs qui pourraient être irréversibles. Certains chercheurs considèrent même que les destructions massives de neurones sous l'effet de l'ecstasy pourraient engendrer des maladies dégénératives telles que les maladies de Parkinson ou d'Alzheimer[92]. En outre, l'ecstasy est généralement prise avec d'autres substances dont les effets synergiques ou additifs restent encore très mal connus.

Cette palette de substances dopantes montre la diversité chimique et les modes opératoires variés des médicaments pris moins pour atteindre des paradis artificiels que pour accroître des performances socioprofessionnelles toujours plus difficiles à réaliser. En 2008, un groupe de chercheurs a lancé la controverse en plaidant pour un usage responsable des médicaments capables d'améliorer les fonctions mentales de personnes en bonne santé[93]. Si l'industrie met au point des substances qui sont capables d'augmenter les capacités mentales, sans entraîner d'effets secondaires négatifs à court ou à long terme, pourquoi s'en priver ? demandaient-ils dans la revue scientifique *Nature*. « Dans un monde où la durée de vie professionnelle et l'espérance de vie augmentent, les outils – y compris pharmacologiques – qui stimulent nos capacités mentales seront de plus en plus nécessaires pour améliorer la qualité de vie et la productivité au travail, au même titre que la lutte contre le vieillissement normal ou pathologique », arguaient Henry Greely, professeur de droit à l'Université Stanford et ses collègues neuroscientifiques. Ce pavé dans la mare obscure des stupéfiants suscite encore des réactions contrastées en France et dans le monde. Selon ces universitaires américains, les médicaments dopants, qui sont capables de stimuler les fonctions intellectuelles, devraient être reconnus et leur consommation autorisée dans un cadre restant encore à définir. Stimuler nos fonctions mentales, n'est-ce pas l'objectif principal qu'une bonne partie d'entre nous cherche à réaliser quotidiennement, lorsque nous savourons notre *espresso*, breuvage accepté depuis des centaines d'années pour stimuler nos performances psychiques ?

Pour être plus convaincants, les avocats du dopage cérébral s'attaquent directement aux trois arguments avancés pour les condamner. Le premier concerne les biais que cette consommation pourrait entraîner dans le monde du travail ou le secteur éducatif. Devant l'arsenal déjà accessible des psychostimulants comme le tabac, la vitamine C ou le café, reconnaître l'usage des *smart drugs* ne serait qu'une façon plus scientifique de valider et de contrôler leur usage. Ce groupe s'attaque ensuite au mythe des prouesses de l'apprentissage qui devrait rester « naturel » et non « artificiel », par analogie au monde sportif. Toute la difficulté dans ce domaine, enjeu d'âpres débats depuis l'Antiquité, est de définir la frontière exacte entre le naturel et l'artificiel[94]. Ce groupe nous rappelle que l'écriture ou l'informatique, qui favorisent eux aussi l'apprentissage, ne sont pas plus naturelles. Enfin, il conclut en s'attaquant à la notion de drogue, que l'on associe volontiers aux dopants cérébraux. Parce que la toxicomanie est un fléau social, la société cherche naturellement à contrôler l'usage de ces substances en tenant compte de leur toxicité et des phénomènes de dépendance qu'elles entraînent. Cependant, on le sait aujourd'hui, la dépendance à l'héroïne, à la nicotine ou aux somnifères emprunte les mêmes mécanismes neurologiques[95]. Pourtant, le tabac n'a pas le même statut légal que l'héroïne. En pratique, le fait qu'une substance soit une drogue addictive ne suffit donc pas à en interdire son utilisation.

La consommation de stimulants cognitifs, hors prescription médicale, constitue déjà une réalité, rappellent ces mêmes chercheurs en préambule de leur plaidoyer. Selon diverses enquêtes réalisées sur les campus universitaires des États-Unis, de plus en plus d'étudiants se procurent illégalement du Modafinil® pour stimuler leur vigilance ou de la Ritaline® pour doper leurs performances avant un examen crucial[96]. À mesure que nous nous voyons confrontés à la diminution normale de notre mémoire, ou de notre attention, ne convient-il pas d'utiliser un stimulant pour retrouver nos capacités d'antan ? Pour tester cette hypothèse, *Nature* a accompagné l'article d'un sondage effectué auprès de mille quatre cents scientifiques. On y apprend qu'un lecteur sur cinq affirme avoir déjà pris de la Ritaline®, du Modafinil® ou des bêtabloquants (médicaments à visée cardiaque) pour doper son attention, sa mémoire ou gérer plus simplement son stress. Ce sondage montre combien ce phénomène est loin de se limiter aux étudiants préparant leurs examens : les maxima de consommation des produits dopants sont relevés chez les moins de 25 ans et les plus de 55 ans. Cette tendance serait observée également dans le cadre d'autres activités professionnelles réclamant toujours plus de performances comme le showbusiness, la politique, etc.

Enfin, nous ne serions pas exhaustifs sur la question du dopage cérébral si nous n'abordions pas l'utilisation des stimulations magnétiques transcrâniennes pour augmenter les facultés mentales. En effet, on sait depuis peu qu'un traitement médical combiné à un entraînement de la mémoire est plus efficace s'il est associé à des stimulations magnétiques transcrâniennes. Des chercheurs de l'Université de Tel-Aviv ont montré qu'à l'aide d'un casque délivrant des stimulations magnétiques transcrâniennes en plusieurs points précis les fonctions cognitives des sujets atteints de la maladie d'Alzheimer pouvaient être améliorées[97]. Les mêmes questions que pour les psychostimulants vont donc se poser pour cette technique.

L'INFINIMENT PETIT DANS NOTRE CERVEAU

Pour manipuler, voire réparer, cette belle machine complexe de 1 300 cm^3 et d'environ 1,5 kilo qu'est le cerveau, d'aucuns pensent que l'ingénierie lilliputienne peut être très utile. En effet, à la frontière de l'infiniment petit se cachent des lois de la physique et de la chimie nécessaires à l'émergence des propriétés uniques du fonctionnement cérébral. Pourrait-il exister un programme commun alliant les technosciences de la matière, de la vie et de l'information ? À l'évidence, la réponse est positive puisque nous sommes déjà envahis par des nanomatériaux commercialisés sous des formes diverses comme les nanotubes de carbone, des nanolasers dans nos lecteurs de DVD, des nanopuces pour l'identification et la traçabilité, voire le diagnostic biologique.

Sous le vocable nanotechnologie[98] sont regroupés, d'une part, les activités scientifiques et technologiques conduites à l'échelle atomique et moléculaire et, d'autre part, les principes scientifiques et propriétés nouvelles qui émergent précisément à cette échelle[99]. Le cadre conceptuel dans lequel ces activités se déroulent comprend un ensemble de disciplines comme la physique, la chimie ou la biologie et qui ont pour objet d'étude des éléments infiniment petits doués de propriétés singulières. À l'origine des nanosciences, ces disciplines partagent l'objectif commun de maîtriser la synthèse, puis d'étudier le comportement des nanoéléments placés dans différents environnements. Entre autres, les principes fondamentaux des nanosciences prédisent que les médicaments de demain seront plus efficaces une fois transformés en nanoparticules.

Lorsque ces technologies, encore balbutiantes, seront pleinement maîtrisées, il est probable qu'elles entraîneront des bouleversements d'une ampleur difficilement prévisible aujourd'hui, qui concerneront aussi bien les domaines techniques, économiques que sociaux. Cette révolution, déjà en marche, dépassera très certainement tous les bouleversements engendrés par les révolutions industrielles, mécaniques et informatiques des deux siècles précédents combinées, et ceci dans un temps record ! S'il est encore impossible de prévoir avec certitude la date à laquelle la révolution « nanotechnologique » changera durablement notre environnement, voire notre qualité de vie, à terme plus ou moins proche, elle semble inéluctable.

Qu'est-ce que cette science, née de l'étude d'objets infiniment petits, peut nous apporter exactement ? Les nanosciences s'intéressent à des particules physiques dont la taille est de l'ordre du nanomètre, c'est-à-dire un milliardième de mètre. Cette dimension nanométrique a constitué durant fort longtemps un espace scientifique délaissé au profit des échelles plus classiques couvertes par l'espace micrométrique (un millionième de mètre). Les nanosciences s'appliquent à la zone de taille immédiatement supérieure à celle des atomes ou des molécules qui forment les briques élémentaires de la matière (vivante ou inerte). Rappelons que la dimension d'un atome est de l'ordre du dixième de nanomètre (en moyenne 0,3 nanomètre[100]). Dans 1 nanomètre, on peut donc théoriquement aligner trois atomes. De ces différentes proportions, on peut en conclure que tout objet nanométrique est formé d'une poignée d'atomes, ou molécules, contrairement aux objets classiques macroscopiques qui sont constitués d'un nombre astronomique de molécules et atomes.

Les propriétés physico-chimiques particulières des nanoparticules sont à l'origine de transferts technologiques d'un savoir fondamental vers des applications industrielles ou médicales. Par exemple, ces propriétés confèrent aux éléments nanométriques le pouvoir d'acheminer un principe actif directement à l'intérieur d'une cellule malade. Cependant, pour être utiles, les éléments nanométriques ne sont manipulables qu'une fois insérés dans des vecteurs de taille plus grande, appartenant à l'échelle micrométrique, eux-mêmes contenus dans des dispositifs manipulables à l'échelle humaine. C'est pour cette raison que les nanosciences ou les nanotechnologies intègrent également la conception ou la manipulation d'objets de taille immédiatement supérieure (souvent à l'échelle microscopique) à la taille nanométrique. Elles ne se contentent pas d'exploiter les propriétés des atomes et des molécules pour atteindre un résultat macroscopique. Même si elles travaillent à l'échelle nanoscopique, le résultat final se révèle toujours au niveau supérieur.

Dans ce monde minuscule, la mécanique quantique est la seule reine qui dicte ses lois. La maîtrise et la manipulation des états quantiques ouvrent la voie à des méthodes de calculs aux performances sans commune mesure avec celles actuellement atteintes par nos ordinateurs. Cette discipline n'aurait pu se développer de façon spectaculaire ces dernières années sans le perfectionnement des méthodes d'observation et la mise au point d'outils nouveaux comme le microscope à effet tunnel développé par Binnig et Rohrer en 1985[101] dans les laboratoires de recherche IBM en Suisse. Cette microscopie est l'une des techniques les plus fascinantes actuellement, car elle permet de sonder la matière à l'échelle atomique et de découvrir le monde inaccessible des atomes[102].

En 1959, le physicien et prix Nobel Richard Feynman donne une conférence au California Institute of Technology intitulée « Il y a beaucoup de place en bas ». Ce séminaire est considéré comme le discours inaugural de l'histoire des nanotechnologies. Quelques mois plus tard, devant la Société américaine de physique, Feynman reprend son message en faveur des nanotechnologies. Il évoque alors l'existence d'un domaine de recherche resté à l'état de friche : l'infiniment petit. Il considère comme possible le fait de pouvoir concentrer de grandes quantités d'informations sur de très petites surfaces en manipulant les atomes, comme d'autres manipulent des briques de construction. Par exemple, ses calculs montrent qu'en utilisant un cercle d'une superficie de mille atomes par point d'impression, on peut écrire l'intégralité de l'*Encyclopaedia britannica* sur une seule tête d'épingle. Cette affirmation reste aujourd'hui abondamment citée car, si à l'époque elle était possible en théorie mais pas en pratique, les progrès des technologies de précision rendent maintenant cette prophétie parfaitement réalisable. Cependant, la véritable rupture épistémologique proposée par Feynman concerne la manipulation des atomes et des molécules, un par un, traités comme des éléments discrets et non plus continus[103].

Quinze années plus tard, le terme « nanotechnologie » a été suggéré par un chercheur de l'Université de Tokyo[104] pour caractériser un ensemble de recherches ayant pour objectif la synthèse et l'étude d'objets très petits, doués de propriétés nouvelles. Pour traiter ces singularités, cette technologie se positionne au point de convergence de trois disciplines qui jusqu'ici étaient relativement indépendantes : la physique, la chimie et la biologie. Aujourd'hui, les nanotechnologies regroupent l'étude des phénomènes de la matière aux échelles atomique, moléculaire et macromoléculaire, où les propriétés diffèrent sensiblement de celles qui prévalent à une plus grande échelle. Tandis qu'à l'échelle du micromètre, les lois de la physique et de la chimie classique restent inviolées, ce n'est plus vrai à l'échelle nanométrique où les propriétés physico-chimiques traditionnelles des matériaux changent. En somme, les nanosciences explorent de nouvelles lois applicables aux éléments nanométriques[105]. Les objets de l'échelle nanométrique, les nano-objets[106], occupent un champ intermédiaire entre les briques élémentaires de construction de la matière (atomes et molécules) à la manière d'un Lego, forcément discontinues, et la matière macroscopique qui, elle, est continue.

Cette place un peu particulière leur confère une dynamique et des propriétés distinctes de celles des systèmes de petites molécules et des systèmes macroscopiques qui prévalent à une plus grande échelle[107]. Pour être un jour applicables à l'homme, les nano-objets devront subir des transformations microscopiques ou macroscopiques et il faudra mettre au point des matériaux et des dispositifs dotés de fonctions et de performances nouvelles. Pour ce faire, il faudra structurer la matière à l'échelle nanométrique, c'est-à-dire au niveau atomique, moléculaire ou supramoléculaire (approximativement de 1 à 100 nanomètres).

Aujourd'hui, les nanotechnologies applicables directement aux neurosciences, concernent trois secteurs de l'ingénierie : la nanoélectronique, la nanobiotechnologie et les nanomatériaux. La *nanoélectronique*, qui s'inscrit dans le prolongement de la microélectronique, porte sur les composés électroniques de nos ordinateurs. 20 nanomètres ou 20 milliardièmes de mètre ou encore 70 atomes de large, voilà la taille des transistors[108] que les ingénieurs du centre de recherche d'Intel à Hillsboro (Oregon) ont réussi à produire il y a dix ans. Aujourd'hui, ces transistors ne mesurent que sept atomes de long mais, selon Michelle Simmons, l'inventeur de ce transistor le plus petit jamais fabriqué, les ordinateurs qui en seront munis pourront « résoudre des problèmes qui prendraient plus longtemps que la durée de vie de l'Univers à un ordinateur classique ». Elle affirme que ce transistor en cristaux de silicium est le premier qui mène concrètement vers la fabrication d'ordinateur quantique[109]. Selon ses prédictions, ce transistor sera déployé pour des applications commerciales dans les cinq années à venir. Développé à l'Université de New South Wales (au Centre pour les technologies d'ordinateur quantique) et à l'Université de Wisconsin-Madison, ce transistor pourrait réduire la taille du processeur[110] par cent et accélérer les vitesses des processus au-delà de nos rêves les plus fous. Lorsque cette technologie aboutira, c'est la fameuse loi de Moore[111] qui sera réduite en miettes. Cette possibilité de produire des microprocesseurs aux vitesses de calculs prodigieuses permet d'envisager un traitement en ligne des signaux électriques cérébraux et d'interférer ainsi avec la pensée.

La *nanobiotechnologie* est l'ingénierie nanométrique qui utilise comme outils des cellules vivantes (cellules, bactéries) ou des entités isolées de celles-ci (gènes, enzymes), pour manipuler des organismes vivants ou construire des matériaux inspirés des systèmes moléculaires biologiques (on parle alors de biomimétisme). Les champs d'applications possibles des nanobiotechnologies en matière de santé publique concernent par exemple les implants bioactifs, les nouveaux outils de diagnostic médical et le traitement ciblé de certaines cellules malades (voir chapitre précédent).

Enfin, les *nanomatériaux* résultent du contrôle précis de la forme des substances ou particules, aux dimensions nanométriques, en vue de construire des matériaux dits nanostructurés. Ainsi, un principe actif présent sous une forme oblongue sera transporté efficacement par le système cardio-vasculaire, alors que sa forme sphérique facilitera la fusion avec les membranes cellulaires et donc son action à l'intérieur de la cellule. Les nanomatériaux sont des structures composées qui confèrent aux matériaux des propriétés spécifiques de la dimension nanométrique liées au grand rapport surface/volume[112] : fiabilité, adaptation et résilience (*cf.* Annexe II). Par exemple, ils pénètrent plus facilement le corps, non seulement *via* la respiration et l'ingestion, mais éventuellement, aussi, *via* la peau ; ils peuvent arriver dans les vaisseaux sanguins et de la sorte être transportés aisément vers le cerveau. Enfin, les nanomatériaux peuvent éventuellement pénétrer le cerveau *via* d'autres voies comme le nez puis le nerf olfactif.

Les applications médicales et industrielles envisagées sont si nombreuses qu'il n'est pas très risqué de prévoir les nanotechnologies envahir la sphère de la santé et celle de l'économie dans un proche avenir. À l'horizon 2015, 15 % de l'activité manufacturière mondiale devraient être touchés par des dispositifs ou des matériaux utilisant directement des avancées issues des nanotechnologies[113]. Selon la National Science Foundation, le montant du marché mondial, estimé déjà à 500 milliards de dollars en 2008, pourrait doubler en 2015. Cependant, comme toutes les avancées scientifiques et technologiques majeures, les nanotechnologies véhiculent aussi leur lot d'angoisses et de craintes. Malgré les avantages certains qu'apporte cette révolution technologique, de nombreuses interrogations demeurent, éveillant ainsi nombre d'inquiétudes sur le plan sanitaire, éthique, voire sur la gestion des risques industriels. Il est vrai que manipuler la matière à l'échelle moléculaire ou atomique, pour interférer avec le monde du vivant, soulève des enjeux importants auxquels il nous faut nous préparer. Mais pour les pouvoirs publics, le plus grand risque actuel tient dans le danger de voir l'opinion publique rejeter en masse ces progrès technoscientifiques[114].

MÉDECINE ET NANOTECHNOLOGIES

Les progrès de la médecine au cours des siècles ont permis d'effectuer des diagnostics aussi précis que précoces. Initialement, le médecin se contentait d'examiner le corps entier de son malade. L'imagerie médicale a permis ensuite d'examiner des organes ou des régions précises de ces organes. Les biopsies ont permis d'effectuer des analyses sur des prélèvements tissulaires et de former des banques de données. Aujourd'hui, les procédures d'observation et de manipulation à l'échelle subcellulaire permettent de préciser les origines des pathologies et les procédures à mettre en œuvre pour y remédier. Demain, l'imagerie moléculaire tentera d'observer le comportement de molécules uniques au sein des systèmes moléculaires dits « organisés[115] ». L'utilisation de nanoparticules comme agents de contraste dans les techniques d'imagerie (IRM) constitue aujourd'hui un exemple concret d'avantage apporté par les nanotechnologies pour la médecine. Cette nanomédecine se préoccupera d'établir le diagnostic au niveau moléculaire puis d'intervenir par des thérapies capables de cibler des molécules uniques. Bien avant qu'une maladie ne se déclare, elle est précédée par des modifications physiques et chimiques au niveau des molécules. Détecter ces signes avant-coureurs permettrait de prévenir plutôt que de guérir, parfois trop tard.

C'est en cherchant à satisfaire ce critère d'anticipation qu'un groupe de chercheurs à l'Université Harvard a montré en août 2010 la possibilité d'insérer un transistor à l'échelle nanométrique dans une cellule pour mesurer son activité électrique[116]. Ce travail ouvre la porte aux biopuces que l'on peut implanter pour surveiller, « en ligne », l'état de santé et pour éventuellement délivrer un médicament dans le cerveau. Elles permettront ainsi une surveillance du patient avec une délivrance instantanée d'un médicament si nécessaire. Chez les tétraplégiques, ces biopuces formeront de véritables interfaces entre le cerveau et la machine. Selon une approche visant à mimer les propriétés biologiques des systèmes sensoriels, les nanotechnologies permettent la création de « nez électroniques ». Des systèmes de nanocapteurs traduisent le signal chimique, provenant des molécules organiques en milieu gazeux, en signaux électroniques que des microprocesseurs traitent à la manière des réseaux de neurones du système olfactif. Dans ce cas, le système de détection peut être une surface nanostructurée d'un matériau aux propriétés semi-conductrices. L'interaction d'une molécule organique avec la surface peut en modifier la conductance. Ces systèmes bio-inspirés pour la détection artificielle des molécules odorantes ont des implications multiples en agroalimentaire, en industries chimiques ou pour le contrôle des stupéfiants et la détection des mines[117].

L'utilisation de plus en plus fréquente de *quantum dots* pour marquer et tracer les molécules de la cellule en remplacement des fluorophores témoigne aussi du changement radical de la pensée classique en pharmacologie[118]. Ces particules de matériaux semi-conducteurs au diamètre contrôlé ont également la particularité d'émettre de la lumière selon une longueur d'onde choisie contrairement aux fluorophores classiques. On peut, en faisant varier uniquement la taille des nanoparticules, obtenir une palette de couleurs, chose impossible avec les colorants fluorescents classiques. Ces nanoparticules une fois fixées sur des molécules d'intérêt biologique permettent de suivre leur trajet dans des cellules vivantes, ou au sein d'organismes et ainsi orienter les thérapies futures vers des actions précises au niveau moléculaire[119].

Actuellement, une des branches les plus prometteuses des nanotechnologies reste la possibilité de vectoriser les médicaments du futur pour accroître leur spécificité. Rappelons qu'un médicament ne vaut que par sa capacité à atteindre sa cible, c'est-à-dire à agir à la bonne concentration, au bon moment et au bon endroit. Par conséquent, le médicament idéal ne doit pas s'égarer dans les méandres du corps humain, se diluer et perdre en partie son efficacité. Pour ce faire, il est impératif d'enfermer le principe actif du médicament dans une cage minuscule, de quelques nanomètres de diamètre, obtenus par structuration de polymères chimiques. À l'abri dans sa coquille, le médicament de demain voyagera sans être détruit dans l'organisme et en fonction des propriétés et/ou de la structure de sa cage, il atteindra spécifiquement sa cible. Puisque le diamètre des capillaires est d'environ 4 micromètres et que les pores des capillaires ont un diamètre d'environ 50 nanomètres, les recherches modernes visent à produire des nanovecteurs capables de passer ces pores pour frapper au cœur de la cible. Certains essais reposent actuellement sur des encapsulations à l'intérieur de structures nanométriques telles que les fullerènes sphériques ou les nanotubes de carbone. D'autres axes de recherche portent sur des nanoparticules magnétiques que l'on peut guider de l'extérieur de l'organisme par application d'un champ magnétique focalisé sur la zone à traiter.

Pour être efficace, ce vecteur qui atteint une cible déterminée doit alors libérer le principe actif. Cette libération peut être automatique (après contact avec une molécule spécifique ou après détection d'un environnement physicochimique particulier comme un changement de la valeur de pH ou lorsqu'une température donnée est atteinte) ou commandée à distance par des ultrasons, par un champ magnétique ou par des rayonnements infrarouges qui élèvent la température. Ainsi, ces nanocapsules capables de libérer à la demande des médicaments compléteraient l'arsenal thérapeutique des nanotechnologies[120]. À titre d'exemple, on citera le travail des chercheurs allemands qui ont produit une puce en polymère contenant des microcavités renfermant un agent pharmaceutique soluble[121]. Chaque microcavité est scellée par un opercule qu'un courant électrique peut détruire, libérant ainsi le principe actif à la demande. Plus récemment, cette même équipe a modifié l'approche en utilisant des nanotransistors pour stimuler des neurones[122].

La thérapie génique, cette stratégie qui consiste à introduire du matériel génétique dans les cellules d'un organisme pour y corriger une anomalie quelconque à l'origine d'une pathologie, pourra-t-elle bénéficier aussi des atouts des nanotechnologies ? Rappelons que deux très jeunes enfants atteints d'un déficit immunitaire sévère rare (DICS-X) ont récemment profité d'une première médicale conduite par l'équipe de Marina Cavazzana-Calvo et d'Alain Fischer (hôpital Necker-Enfants malades à Paris). Pour corriger ce déficit immunitaire à partir d'un gène-médicament, les chercheurs ont choisi d'utiliser un rétrovirus comme vecteur pour corriger le déficit génétique. Rendu inoffensif, ce virus dans lequel est introduit le gène à « greffer » pénètre spontanément dans la cellule pour s'intégrer dans son génome. Aujourd'hui, les nanoparticules sont les nouveaux vecteurs thérapeutiques qui remplacent les vecteurs viraux en imitant leur capside virale (enveloppe du virus qui contient le matériel génétique). Les nanoparticules recombinantes sont dépourvues de caractère infectieux, puisqu'elles sont privées de matériel génétique viral, ce qui empêche leur réplication dans les cellules cibles ; elles n'occasionnent pas de persistance des effets biologiques au-delà de l'arrêt du traitement.

L'efficacité des nanomédicaments est démontrée aussi dans le cadre des thérapies sur des cancers résistants du foie ou des leucémies. Dans ce cas, un lipide naturel, le squalène, est couplé aux médicaments anticancéreux pour former des nanoparticules à l'efficacité décuplée. Des succès sont aussi attendus dans le développement des nanomédicaments capables de franchir aisément la barrière hémato-encéphalique[123], qui isole partiellement le cerveau du système sanguin. Dans ce cas, les pathologies concernées sont multiples : AVC, maladie d'Alzheimer et maladie de Parkinson. En conclusion, grâce à la miniaturisation, aux calculs embarqués, à l'amélioration du couplage entre les électrodes et les tissus, les nanotechnologies permettent de développer des implants plus performants. Les progrès des nanobiotechnologies ouvriront la voie à de nouvelles molécules dopantes, à des implants ou à des nanosystèmes (vecteurs de médicaments) qui pourront augmenter presque indéfiniment les performances physiques ou mentales de l'être humain.

QUAND LES NANOSCIENCES FUSIONNENT AVEC LE VIVANT

La rencontre des sciences dures (physique et chimie) avec la biologie n'est pas nouvelle. Le début du XXe siècle a déjà connu une fusion fructueuse entre la chimie et la biologie pour donner naissance à la chimie biologique, une science qui place la chimie en relation avec le vivant (aussi dénommée biochimie). Cette alliance a permis la fabrication de remèdes non plus à partir d'extraits naturels des plantes, mais par synthèse chimique conduisant ainsi à l'accroissement presque infini du nombre de médicaments possibles. La seconde partie du XXe siècle a connu la transposition des méthodes physiques à l'étude du vivant. De cette convergence est née la biologie moléculaire, dont l'un des premiers résultats marquants a été la résolution de la structure tridimensionnelle de l'ADN, grâce aux méthodes de diffraction des rayons X.

Aujourd'hui, nous assistons au transfert des connaissances acquises en nanosciences vers leurs applications techniques. Les microtechnologies et les nanotechnologies ont bouleversé les technologies de l'information et de la communication. L'expérience de tous les jours nous montre que la puissance de nos ordinateurs personnels double tous les deux ans environ. Si ce rythme de croissance se maintient, dans quelques années, chacun d'entre nous disposera d'un ordinateur portable dont la puissance de calcul et de stockage sera supérieure à celle de toute la planète en 1950 ! Ces progrès sont possibles, grâce à l'extrême miniaturisation des dispositifs électroniques qui conduisent chaque fois à réduire la taille des transistors qui les composent. En 1950, un transistor avait des dimensions de l'ordre de quelques centimètres (10^{-2} mètre) : aujourd'hui un transistor occupe un espace qui se mesure en dizaines de nanomètres (10^{-8} mètre), soit un gain de l'ordre du million. Les technologies modernes impliquent d'être capables de manipuler la matière à un niveau de résolution variant du micromètre (millionième de mètre) au nanomètre.

Opérant à des échelles identiques, selon parfois des lois communes, il est naturel que les nanotechnologies rencontrent les sciences biologiques pour former ce que l'on appelle les technologies convergentes. On ne tentera pas ici de donner une définition exhaustive de ce que sont (ou ne sont pas) celles-ci[124]. La lecture de nombreux rapports et autres comptes rendus montre d'ailleurs qu'aujourd'hui aucune définition consensuelle n'existe. Certains y voient d'ailleurs un stigmate caractéristique d'une discipline en voie d'émergence ou en plein devenir. Par exemple, la National Nanotechnology Initiative (NNI) définit la nanotechnologie comme une discipline concernant « toute chose qui met en jeu des structures dont la taille reste inférieure à 100 nanomètres ». Cette définition reste trop restrictive, puisqu'elle ne prend pas en compte les dispositifs qui actuellement manipulent des objets, ou des fluides, aux tailles micrométriques, voire des dispositifs réellement macroscopiques, mais qui contiennent des objets ou des structures nanométriques.

Schématiquement, la fusion des nanosciences avec la biologie peut emprunter deux voies distinctes, suivant des stratégies opposées. La méthode qui vise à réduire la taille des objets de l'échelle centimétrique ou millimétrique à l'échelle nanométrique, tout en conservant leur fonction, représente l'approche *top-down*. À l'inverse, la méthode *bottom-up* repose sur un changement d'échelle dans le sens de l'accroissement de la taille à partir des objets nanoscopiques (atomes ou des groupements d'atomes), pour former des structures macroscopiques originales. Actuellement, c'est l'approche *top-down* qui domine la majorité des actions en nanobiotechnologie en raison des progrès techniques constants. En revanche, l'approche *bottom-up* reste limitée, car elle dépend de l'avènement de nouveaux concepts théoriques capables de prédire les propriétés émergentes lors du passage à l'échelle supérieure, et ceci uniquement à partir des seules connaissances des propriétés individuelles des composants unitaires.

Face à l'accroissement des besoins thérapeutiques qui ne cessent de progresser dans les sociétés occidentales poussées par différents facteurs, dont particulièrement l'évolution démographique qui s'accompagne d'une augmentation régulière de l'espérance de vie, la contribution des nanobiotechnologies au domaine de la santé reste vitale. La demande de plus en plus pressante de découvrir toujours plus de nouveaux remèdes, rencontre des obstacles majeurs, puisque nos ressources ne sont pas indéfiniment extensibles. À ce tarissement des ressources, il convient d'ajouter la pénurie d'idées qui frappe actuellement l'industrie pharmaceutique et qui se traduit par la stagnation de l'innovation thérapeutique. D'où l'intérêt de pouvoir procéder à de nouveaux tests *in vitro* basés sur l'utilisation de dispositifs visant à miniaturiser des composés, et donc analyser plus rapidement les effets de médicaments-candidats au niveau moléculaire.

Une des applications les plus rapides à se développer concerne les progrès de l'ingénierie tissulaire. Cette technologie repose sur trois étapes importantes : 1) la greffe de cellules autologues (allogéniques ou xénogéniques) après une étape d'amplification *in vitro* ; 2) l'implantation de tissus reconstruits *in vitro* à partir des cellules et d'échafaudages moléculaires (comme les hydrogels de polymères) ; 3) la régénération de tissus *in situ* à l'aide des biomatériaux/nanofibres intelligents. Des dizaines de millions de personnes de par le monde, dont cinquante millions en Europe, bénéficient déjà des techniques d'ingénierie tissulaire pour remplacer, rétablir ou améliorer un organe défectueux. Ces tissus artificiels vont de l'agrégat de couche monocellulaire à des tissus complexes capables de remplacer un organe. C'est grâce aux nanotechnologies et aux techniques de microfabrication empruntées à l'industrie des semi-conducteurs, qu'il est désormais possible de mettre en place des cellules avec une précision inégalée et de contrôler leur comportement. Ainsi, c'est en combinant les efforts de recherche en nanotechnologie, biologie des cellules souches et ingénierie tissulaire, que des substituts de peau et de cartilage ont été greffés à des milliers de personnes.

Aujourd'hui, l'ingénierie tissulaire cherche à reproduire la structure interne d'un tissu donné, aussi fidèlement que possible, car la fonction des cellules dépend étroitement de ce microenvironnement. À l'aide des techniques et matériaux nouveaux, les spécialistes cherchent à créer des matériaux hybrides qui allient des matériaux nanostructurés (polymères organiques ou matériaux minéraux) et des cellules vivantes pour remplacer des tissus défaillants. Le grand défi que l'ingénieur doit alors relever consiste à réaliser des matériaux biocompatibles qui se marient étroitement avec les tissus environnants sans être rejetés à terme. La reconstruction de la cornée artificielle à partir de protéines humaines recombinantes de la matrice extra-cellulaire et des cellules épithéliales, stromales et endothéliales issues des cellules souches adultes, figure au palmarès des récents succès de l'ingénierie tissulaire[125]. De nombreux autres exemples empruntés à la reconstitution de l'épiderme, de vaisseaux sanguins ou de territoires nerveux lésés, montrent combien les méthodes développées dans le domaine des nanosciences et des nanotechnologies trouvent aujourd'hui des prolongations dans les sciences du vivant. Si tous les organes ne sont pas encore concernés directement par l'ingénierie tissulaire, il est certain que ces nouveaux outils permettront, dans un futur proche, de mieux diagnostiquer, mieux soigner et sans doute mieux suppléer aux fonctions vitales défaillantes. Le Graal serait-il à portée de main ?

LE CERVEAU TRANSHUMAIN

Ce mouvement largement implanté aux États-Unis et dans les pays nordiques de l'Europe n'est pas une secte, mais un courant de pensée qui encourage l'amélioration de l'espèce humaine, grâce au progrès des technologies convergentes représentées par les nanotechnologies, les biotechnologies, les technologies de l'information et celles du cerveau (NBIC). À ce titre, ce dernier est au cœur du projet transhumaniste officiellement encouragé par les organismes de recherche institutionnels. Les défenseurs du transhumanisme visent au dépassement de l'espèce humaine, qu'ils considèrent comme imparfaite, par une cyberhumanité. Il s'agit de créer des « humains augmentés ». Le rêve des transhumanistes est celui de l'immortalité pour une créature (un posthumain) largement produit par le génie de l'homme et pourvu de capacités physiques et surtout intellectuelles dépassant ce que l'homme moderne est capable de concevoir. Dans ces conditions, l'homme cesserait d'être une créature pour devenir son propre créateur. L'avenir de l'humanité pourrait donc être radicalement transformé par la technologie. Nous pouvons envisager la possibilité que l'être humain puisse subir des modifications, telles que son rajeunissement, l'accroissement de son intelligence par des moyens biologiques ou artificiels, la capacité de moduler ses propres états psychologiques et l'abolition de la souffrance. Ces projets sont dans le droit fil de ce que nous venons de décrire dans le cerveau[126]. Pour les transhumanistes, la convergence des quatre technologies, NBIC, devrait améliorer les performances humaines sur les plans intellectuels et physiques, mais aussi permettre une communication entre individus d'un autre type, *via* l'interconnexion des cerveaux pour créer une véritable « conscience collective ».

Épilogue

> « [Les hommes] des êtres monstrueux, comme occupant une place si considérable à côté de celle si restreinte qui leur est réservée dans l'espace, une place au contraire prolongée sans mesure puisqu'ils touchent simultanément, comme des géants plongés dans les années, à des époques, vécues par eux si distantes, entre lesquelles tant de jours sont venus se placer – dans le Temps. »
>
> Marcel PROUST, *Le Temps retrouvé.*

Être bien dans sa tête – un idéal de vie proposé à l'homme par son cerveau, l'organe qui bat la mesure de nos actions et de nos pensées suivant les rythmes imposés par le corps en réponse aux sollicitations du monde, source inépuisable de nos sentiments. Le vrai bonheur se doit d'être mesuré pour échapper à l'hybris – c'est-à-dire la démesure qui conduit à tous les excès dans lesquels l'âme se perd. Un cerveau sur mesure est un cerveau à la mesure de l'homme. Il est donné en partage à tous les individus qui composent l'espace et il est, dans le même temps, le bien propre de chacun : l'unique et sa propriété – singulier donc, mais également social extrême, ne pouvant exister sans la présence des autres, ses semblables (autrui).

Les neurosciences apportent leur lot incessant de données qui témoignent du caractère mouvant et protéiforme de notre cerveau, organe dynamique en équilibre instable. Loin d'être immuable, la matière du cerveau est un tissu façonnable qui dispose d'une phénoménale capacité d'adaptation. En permanence, sous l'action d'un apprentissage, de nouvelles cellules nerveuses sont produites, de nouvelles connexions sont établies ou renforcées, tandis que d'autres sont éliminées. Cette aptitude qu'a le cerveau de se reconfigurer lui permet de demeurer vif, réactif et prompt à élucider les problèmes. C'est précisément cette plasticité qui permet à l'humanité d'échapper au déterminisme biologique qui l'enfermerait dans la servitude de la pensée unique et qui lui offre la liberté de création et d'imagination distinguant *Homo sapiens* de ses cousins plus ou moins lointains. Grâce à cette superbe machine dont nous commençons à percer quelques-uns des mystères, l'être humain reste le seul animal à pouvoir s'échapper de la dictature des gènes et des hormones.

L'analyse du génome humain montre qu'il n'est pas beaucoup plus compliqué que celui de la souris ou de la mouche. Cependant, nous avons acquis des fonctions mentales uniques dans le phylum des vertébrés qui nous permettent d'exprimer notre empathie à autrui. Ces facultés, nous les devons en partie à l'acquisition du cortex préfrontal à six couches et à la liberté qu'il nous procure, lui qui est régi par des règles d'incertitude propres à l'être humain. Cependant, cette quête de liberté qui a commencé très tôt, puisqu'on la retrouve déjà chez le petit poisson, nous invite à rester humbles devant la vie.

Cet ouvrage se veut un hommage non seulement au cerveau, mais aussi au mécanisme de l'individuation, qui ne s'achève vraiment jamais durant notre trop brève existence.

ANNEXE I

Le neurofeedback : la nouvelle gonflette cérébrale

L'objectif visé par les applications du neurofeedback à la clinique humaine est simple. Il s'agit de redonner au patient le contrôle de son activité mentale, y compris certaines fonctions dites inconscientes, de façon à prévenir ou traiter des troubles psychiatriques et neurologiques[1]. C'est en 1875 que l'avènement du neurofeedback a débuté avec la découverte de manifestations électriques observées à la surface de la boîte crânienne. On doit cette observation à l'Anglais Richard Caton (1842-1926), qui étudiait la genèse des processus mentaux chez les animaux. Muni d'un galvanomètre capable de détecter des impulsions électriques à la surface du crâne, il a mesuré les fluctuations du potentiel électrique entre différentes régions cérébrales durant une stimulation sensorielle[2]. À sa mort, l'Allemand Hans Berger (1873-1941) a entrepris de poursuivre cette démarche en l'appliquant au cas humain. En 1920, pour la première fois, Berger a présenté un électroencéphalogramme (EEG) humain qui traduisait l'activité rythmique cérébrale et qu'il découpait selon des bandes de fréquences bien précises (la fréquence est le nombre de crêtes d'une ondulation mesuré durant 1 seconde, 1 hertz égalant donc une ondulation par seconde). À ce titre, Berger est le pionnier qui a identifié les rythmes alpha (bande de fréquence de 8 à 12 hertz[3]) parmi les ondes électriques complexes de notre cerveau. Doué d'un grand sens de l'intuition, il a postulé l'existence d'une relation étroite entre les fonctions mentales et les variations du signal électrique rythmique qu'il détectait à la surface du cuir chevelu. Pour le chercheur allemand, la présence d'anomalies de signaux émis dans certaines bandes de fréquences[4] pouvait permettre de caractériser des troubles psychologiques et neurologiques.

En 1968, c'est Joseph Kamiya, professeur à l'Université de Chicago, qui a rendu célèbre l'utilisation du neurofeedback en publiant ses travaux sur la genèse des rythmes alpha. Au cours de l'une de ces études restée célèbre, des sujets étaient priés de conserver les yeux fermés pour se concentrer sur l'occurrence de sons. Progressivement, ces mêmes personnes ont appris à reconnaître, chez elles, l'émergence d'ondes alpha durant la stimulation sonore. La seconde étape de l'étude a montré qu'une fois cet apprentissage acquis le sujet pouvait reproduire, à sa demande, les mêmes ondes alpha en absence de toute stimulation sonore. Nul doute que ces résultats ont contribué à populariser la technologie du neurofeedback aux États-Unis dans les années 1970.

Nous pourrions non seulement recourir aux produits pharmaceutiques afin de manipuler la chimie cérébrale, mais aussi utiliser divers processus technologiques pour en modifier les propriétés physiques. Ainsi, simplement en écoutant des palettes sonores conçues à cet effet, ou à l'aide d'appareils émettant des signaux lumineux à une fréquence bien précise, nous pourrions choisir le régime d'ondes qui dominent nos rythmes cérébraux, voire synchroniser les activités électriques de nos deux hémisphères.

Quelques années après les expériences conduites par Kamiya, Barry Sterman et ses collègues de l'Université de

Los Angeles, ont montré que le pouvoir de l'apprentissage sur la genèse de nos rythmes cérébraux dépassait la simple régulation des ondes alpha. Cette équipe montra que nous pouvions également contrôler l'émergence des rythmes cérébraux de type bêta[5]. Plus précisément, les chercheurs de Los Angeles ont découvert que les régimes alpha étaient constitués d'ondes régulières de fréquence comprise entre 8 et 12 hertz et d'amplitude variant entre 25 et 100 µV (l'amplitude représente la puissance des impulsions électriques produites par le cerveau et donc l'intensité des ondes cérébrales ; elle est exprimée en microvolts). Ils ont identifié la présence d'ondes alpha principalement dans les régions occipitales et plus faiblement dans les régions antérieures. En revanche, ils montrèrent que le rythme bêta possédait une fréquence comprise entre 13 et 30 hertz et une amplitude plus faible (entre 5 et 15 µV). Les ondes bêta furent principalement retrouvées dans les régions fronto-rolandiques où se situe le cortex sensori-moteur. À l'ouverture des yeux, les rythmes alpha sont éliminés instantanément tandis que les ondes bêta persistent. L'équipe de Sterman a démontré qu'une partie des régimes bêta (les ondes bêta lentes comprises entre 13 à 16 hertz) était présente dans le cortex sensori-moteur de l'animal vigile et durant certaines phases de son sommeil. De façon inattendue, cette équipe a découvert que des singes ou des chats entraînés à contrôler l'émergence des rythmes du cortex sensori-moteur (selon un apprentissage de type pavlovien) étaient devenus notablement plus résistants à l'apparition de crises d'épilepsie. Ainsi, de façon fortuite, la première application du neurofeedback en matière de thérapie neurologique venait d'être prouvée. Ces résultats ont incité Sterman et son équipe à utiliser le neurofeedback pour traiter les personnes atteintes de fréquentes crises d'épilepsie. L'aventure dès lors ne faisait que commencer.

Devant les succès grandissants de l'équipe de Sterman, aussitôt reproduits par d'autres laboratoires, les scientifiques se sont organisés pour créer une nouvelle société savante : l'International Society for Neurofeedback and Research. L'objectif affiché était le partage du corpus toujours plus volumineux de données collectées par nombre de laboratoires enregistrant des EEG. Dès lors, la comparaison des tracés d'EEG obtenus sur des sujets sains ou malades est devenue possible grâce à la constitution d'une base de données normatives. Cette banque de données a été alimentée de toutes parts. Cette mondialisation des résultats scientifiques a favorisé l'élargissement du neurofeedback à d'autres pathologies neurologiques et psychiatriques. Ainsi, dans les décennies suivantes, on l'a employé pour traiter non seulement les crises d'épilepsie mais aussi les migraines, des douleurs chroniques, l'insomnie mais aussi les désordres psychophysiologiques comme les angoisses, la dépression, les troubles obsessionnels compulsifs, l'addiction aux stupéfiants et à l'alcool ou encore le stress post-traumatique.

Cette dernière pathologie, extrêmement invalidante[6], se caractérise par trois syndromes : la répétition de l'événement traumatisant qui est revécu en permanence par la victime (sous forme de flash-back le jour ou de scènes traumatiques durant des cauchemars) ; l'évitement car la victime déploie des efforts importants pour chasser toutes pensées ou situations associées au traumatisme et enfin, l'hypervigilance anxieuse car le sujet traumatisé reste en état d'alerte permanent. En 1989, Eugene Peniston et Paul Kulkosky, du centre médical en charge des vétérans à Fort

Lyon dans le Colorado, ont appliqué la technique du neurofeedback aux vétérans de la guerre du Vietnam pour traiter leur stress post-traumatique. Cette tentative a été couronnée de succès ; l'ensemble des symptômes fut significativement atténué. Deux années plus tard, ces mêmes chercheurs ont élargi leur champ d'action en entreprenant de traiter d'autres vétérans souffrant d'alcoolisme sévère. Comme pour le cas du stress post-traumatique, l'addiction à l'alcool s'est trouvée fortement diminuée chez les vétérans traités par le neurofeedback[7]. Plus récemment, on a utilisé encore le neurofeedback dans le cadre des thérapies visant à réduire les troubles du déficit de l'attention[8]. Dans ce cas, le neurofeedback améliore significativement les résultats des tests standardisés d'intelligence et l'ensemble du tableau clinique des sujets atteints de troubles du déficit de l'attention.

Chaque année, le nombre de publications scientifiques consacrées à cette technologie, et à son application clinique, augmente. En juin 2011, on dénombrait déjà près de six mille publications scientifiques mentionnant le terme de neurofeedback. Des compagnies d'assurances commencent à couvrir les frais du neurofeedback thérapeutique engagés pour soigner les troubles psychologiques et psychiatriques. Initiée aux États-Unis, cette technologie devient de plus en plus employée par d'autres pays. On compte actuellement dans le monde près de six mille praticiens (médecins, neurologues ou psychiatres), ayant recours aux équipements de neurofeedback.

Les applications du neurofeedback semblent aujourd'hui multiples et ses modalités de mise en œuvre, très versatiles. En France, l'Association pour la diffusion du neurofeedback[9] contribue au rayonnement de cette technologie.

Par son aspect ludique, le neurofeedback est même en voie de s'imposer dans nos foyers. Les premiers jeux vidéo directement contrôlés par les ondes cérébrales du joueur sont désormais disponibles sur le marché (par exemple WildDivine®, emWave PC®, StressEraser®, ThoughtStream® ou encore Mindball®[10]). Ce secteur industriel est en plein essor. D'ailleurs, plusieurs compagnies ne s'y trompent pas. Microsoft avec sa Xbox® ou Sony avec sa Playstation®, certains du succès commercial à venir, investissent massivement dans cette technologie. Les jeunes consommateurs, probablement moins frileux que leurs aînés, peuvent désormais se divertir à partir de jeux vidéo capables d'influencer leur activité mentale. L'inclination vers ces jeux est d'autant plus facile chez le consommateur que l'objectif affiché par les constructeurs est d'offrir des divertissements à partir de dispositifs électroniques placés sous influence du cerveau du joueur, et non l'inverse.

La marche du neurofeedback semble donc imparable, prête à envahir notre quotidien, à s'introduire dans nos appareils électroniques de la vie courante, nos lecteurs MP3, notre ordinateur, notre téléphone portable, etc. Préparons-nous à entrer dans un monde où l'hygiène mentale deviendra la norme, comme l'hygiène bucco-dentaire à l'aube du XXe siècle. Ce futur n'est plus loin, mieux vaut s'y préparer[11].

ANNEXE II

La naissance des premiers nanoéléments

Le premier objet de taille nanométrique à avoir été découvert est le fullerène. Cette matière organique appartient à une très large famille d'éléments composés de carbone pouvant prendre la forme d'une sphère, d'un ellipsoïde, d'un tube (appelé nanotube dans ce cas) ou d'un anneau. Les fullerènes sont similaires au graphite, composé de feuilles d'anneaux.

Cet élément a été conçu en 1985 par un trio de chercheurs composé d'Harry Kroto, à l'Université de Sussex en Grande-Bretagne, de Robert Curl et Richard Smalley, à l'Université Rice du Texas. La découverte du fullerène a été récompensée par l'Académie suédoise qui leur a décerné le prix Nobel de chimie en 1996. Cet élément constitué de soixante atomes de carbone a été baptisé ainsi en l'honneur de Buckminster Fuller, l'architecte allemand qui a construit pour l'exposition universelle de Montréal en 1967 un dôme géodésique constitué d'hexagones et de pentagones arrangés de manière sphérique.

Ces trois chercheurs ne s'attendaient certainement pas à découvrir une forme moléculaire du carbone encore inédite. En effet, avant cette découverte, tous les manuels de chimie organique indiquaient l'existence de deux formes possibles du carbone, le graphite ou le diamant. Le premier fullerène découvert est composé de douze pentagones et de vingt hexagones, chaque sommet correspondant à un atome de carbone et chaque côté à une liaison covalente. Cet icosaèdre tronqué est identique à la structure d'un ballon de football, d'où la terminologie parfois rencontrée de « footballène ».

En 1991, Sumio Iijima découvre que ces éléments peuvent exister aussi sous la forme de nanotubes de carbone. Ces minuscules tubes sont dotés de propriétés remarquables, notamment mécaniques et électriques, utiles particulièrement pour des applications en neurologie qui nécessitent de recourir à des matériaux dotés d'une grande conduction électrique[1]. La science des fullerènes a stimulé, au moins dans le domaine du carbone, le développement des nanosciences appelées à jouer un rôle important dans l'électronique du futur et les biomatériaux. L'avènement de ces outils montre le virage opéré par la chimie du XXIe siècle. Aujourd'hui, la nanochimie trouve sa légitimité dans la capacité à synthétiser des structures présentant une complexité et une architecture inédites. Ce nouvel arsenal synthétique permet d'obtenir n'importe quelle architecture chimique. De fait, la chimie semble avoir quitté en partie le domaine de la simple exploration pour devenir une science de création. De nouvelles méthodes de synthèses dont certaines s'inspireront de méthodes en vigueur dans le vivant (méthodes biomimétiques), permettront d'obtenir des structures inédites liant entre elles des atomes divers dont des métaux. Il semble aussi qu'elles puissent permettre la création de structures présentant des capacités d'auto-assemblage et d'auto-organisation conduisant à des structures macromoléculaires complexes. La possibilité de pourvoir un soldat d'un exosquelette pour accroître ses capacités de résistance sur le front est un des multiples exemples d'application de ces nouvelles technologies issues de la nanochimie.

Notes

Introduction

1. Nicolas Sténon est né à Copenhague, au sein d'une famille protestante, puis est mort à Schwerin en Allemagne. Il entreprend des études universitaires humanistes et scientifiques puis de médecine, d'abord dans sa ville natale pour les achever à l'Université de Leyden. Un peu plus tard, il se convertit au catholicisme et publie plusieurs traités sur l'anatomie comparée. C'est à lui que l'on doit de différencier la substance blanche et grise du cerveau. Proche de Spinoza (1632-1677), Sténon estime que la connaissance des règles qui régissent les lois naturelles découle de l'analyse des théories existantes, de l'approche expérimentale dont l'observation visuelle est cruciale, et des conclusions tirées des données expérimentales ainsi recueillies. Il a été béatifié par Jean-Paul II en 1988 pour sa quête passionnée et insatiable des vérités scientifiques et théologiques.

2. Dans le *Discours sur l'anatomie du cerveau* publié en 1669, à Paris, le savant d'origine danoise recueille et synthétise le corpus des connaissances de l'époque. Il s'agit là d'un ouvrage à dimension scientifique et philosophique dans lequel Sténon accuse Willis et Descartes de *pervertir* les données concernant la forme du cerveau au profit de leurs spéculations sur le *siège de l'âme*.

3. Les lecteurs désireux de connaître plus précisément les fondements des neurosciences modernes pourront consulter l'ouvrage de Gordon M. Shepherd, *Creating Modern Neuroscience : The Revolutionary 1950s*, Oxford University Press, 2010 et celui de Jean-Gaël Barbara, *La Naissance du neurone. Constitution d'un objet scientifique du XXe siècle*, Vrin, 2010.

4. Nous faisons ici référence au courant actuel des neurosciences porté par l'imagerie médicale. Il pourrait se résumer à l'adage suivant : comme saint Thomas, je ne crois qu'à ce que je vois !

5. C. P. Zollikofer et coll., *Nature*, 2005, 434, p. 755-759.

6. La première étape à l'origine de l'homme moderne se résume à l'invention de la bipédie que l'on situe il y a plus de sept millions d'années. Elle eut lieu lorsqu'une espèce simiesque devint capable de se déplacer en position verticale. Cette nouvelle posture donna la primauté à la vision tandis que le nez s'éloignait des sources odorantes.

7. La deuxième étape à l'origine de la famille humaine comprend la multiplication des espèces bipèdes selon un processus que les anthropologues nomment « rayonnement adaptatif ».

8. Cette vallée qui ne ressemble à aucun autre site au monde, en raison de la grande diversité des hommes qui l'ont habitée pendant plusieurs millénaires, a acquis une renommée mondiale lorsque les restes d'hominidés y ont été découverts. Parce que cette région témoigne d'étapes importantes dans le développement culturel de l'homme, elle a été inscrite au patrimoine mondial de l'Unesco en 1996.

9. La troisième révolution à l'origine de l'émergence de l'homme moderne concerne l'accroissement considérable du volume cérébral qui accompagne la naissance du genre *Homo* (*erectus* avant de devenir *habilis*, puis *sapiens*). La quatrième et dernière étape concerne l'acquisition du langage articulé, avec l'émergence d'une conscience de soi, de l'imagination artistique, et des aptitudes nouvelles à innover technologiquement.

10. Y. Coppens, *L'Histoire de l'homme*, Odile Jacob, 2008.

11. Dans le domaine de l'anthropologie et de la paléontologie, la rareté des découvertes, parfois unique, contribue à l'extrême fragilité des thèses modernes.

12. Depuis la découverte du gène Fox p2, responsable du langage articulé, les anthropologues avaient formulé l'hypothèse d'une hybridation possible entre les deux espèces puisque Fox p2 est parvenu au génome de *sapiens* au contact de Neandertal.

13. Les deux espèces n'étaient donc pas complètement isolées sur un plan reproductif. Cette particularité viole la définition même du terme espèce. Il semble que Neandertal et *sapiens* se soient « rencontrés » au Proche-Orient il y a quatre-vingt mille ans environ avant la colonisation de l'Europe il y a trente-cinq mille ans. Cette rencontre s'est déroulée lors de la sortie d'Afrique, lorsque *Homo erectus* décide de s'aventurer vers l'ancien monde. Cette fécondation croisée se traduit aujourd'hui par une part néandertalienne plus forte chez les Européens que chez les Papous. Pour de plus amples informations, le lecteur se reportera à l'article publié par Svante Pääbo et son équipe (R. E. Green et coll., *Science*, 2010, 328, p. 710-722).

14. D. Reich et coll., « Genetic history of an archaic hominin group from Denisova Cave in Siberia », *Nature,* 2010, 468, p. 1053-1060.

15. Au contraire, le volume du cerveau des macaques représente déjà à la naissance 75 % de celui des adultes.

16. D'après Kant, « l'homme naît deux fois. La première fois, le jour où l'on naît à la vie ; la seconde fois, le jour où l'on naît à la culture ».

17. L'altricialité primaire se réfère au fait que nous naissions sans être immédiatement compétents.

18. Cette époque géologique débute il y a deux cent cinq millions d'années et s'achève il y a cent trente-sept millions d'années. Elle se caractérise par l'apogée des dinosaures herbivores et l'apparition d'*Archaeopteryx*.

19. Paradoxalement, le concept moderne de plasticité cérébrale, aujourd'hui central en neurobiologie, a émergé il y a plus d'un siècle déjà. C'est Santiago Ramon y Cajal (prix Nobel en 1906), le fondateur des neurosciences modernes avec sa théorie du neurone en 1888, qui a avancé dans son *Histologie du système nerveux de l'homme et des vertébrés* (1911) une explication des phénomènes d'apprentissage tardif, chez l'adulte, par la modification des contacts entre neurones.

20. L'approche moderne des problèmes du handicap remet en cause la notion de période critique ou tout au moins en relativise son caractère indépassable.

21. En biologie du développement, la néoténie se réfère à la possibilité de conserver des traits juvéniles chez les adultes d'une même espèce, ou bien la possibilité d'atteindre la maturité sexuelle par un organisme encore au stade larvaire. Le premier cas est illustré par le cerveau humain qui montre un développement très lent de sa forme finale. Cette disposition implique en contrepartie l'extrême vulnérabilité des petits humains, accompagnée d'une longue dépendance vis-à-vis des adultes, la socialisation constituant une étape indispensable, longue et coûteuse en énergie, à la formation d'individus viables et autonomes.

22. Le terme « plasticité » se rapporte ici à une propriété permettant de changer la forme, ou la fonction, d'une cellule, d'un circuit ou d'un organe.

23. Donald Hebb (1904-1985) est un psychologue canadien qui a théorisé sur les règles d'apprentissage. Ses travaux réalisés à partir de réseaux de neurones formels ont été décisifs pour l'émergence des sciences cognitives et de l'intelligence artificielle. Dans son ouvrage devenu célèbre *The Organization of Behaviour* publié en 1949, il propose une règle simple qui permet de modifier la valeur de l'efficacité des contacts entre cellules

nerveuses, selon le degré d'activité des neurones qu'ils relient. Les bases cellulaires de l'apprentissage sont alors jetées. Elles inspireront jusqu'à encore aujourd'hui nombre de travaux expérimentaux et théoriques qui concernent la neurologie et la psychiatrie.

24. Selon le principe que l'on nomme « plasticité synaptique », les circuits nerveux font continuellement l'objet de réglages permanents par lesquels l'efficacité des contacts entre cellules nerveuses est ajustée selon le degré d'activité globale du circuit. C'est grâce à cette règle que des neurones peuvent être recrutés pour participer à l'activité globale d'une assemblée synchrone de neurones actifs.

25. Selon un modèle théorique énoncé d'abord par J.-P. Changeux et ses collègues : J.-P. Changeux, P. Courrège, P. et A. Danchin, « A theory of the epigenesis of neuronal networks by selective stabilization of synapses », *Proc. Natl. Acad. Sci. USA*, 1973, 70, p. 2974-2978.

26. Le psychologue suisse avait proposé une théorie générale de la genèse des connaissances, centrée sur les facultés d'adaptation du nouveau-né jusqu'au jeune adulte. Cette genèse des connaissances s'effectuerait selon des paliers de développement qui une fois franchis, constitueraient des étapes irréversibles.

27. F. Chollet et coll., *Lancet Neurol.*, 2011, 10, p. 123-130.

28. I. Slutsky et coll., *Neuron*, 2010, 65, p. 165-177.

29. Le magnésium est présent dans les eaux minérales et se retrouve aussi à la base de nombreux aliments, essentiellement dans le chocolat, mais aussi dans les céréales complètes, les légumineuses (haricots secs, lentilles, haricots verts, etc.), les fruits secs et les fruits oléagineux tels que la noix de cajou.

30. Qui peut être informé.

31. Le lecteur désireux d'approfondir cette question pourra se référer à son dernier ouvrage, *Humanité 2.0. La bible du changement*, Éditions M21, 2007.

CHAPITRE 1
Il était une forme

1. Il s'agit d'un stade du développement embryonnaire produit par la segmentation des œufs holoblastiques, c'est-à-dire des œufs dont la segmentation concerne la totalité du cytoplasme de l'œuf. Le terme « morula » tire son origine de l'imagination fertile des scientifiques qui, sous leur microscope, voient cet amas cellulaire ressembler à une mûre.

2. La théorie psychologique de la *Gestalt* s'inscrit pleinement dans ce courant de pensée. Son inspiration trouve ses origines dans les idées princeps de Goethe. Aux XIXe et XXe siècles, Christian von Ehrenfeis et ses collègues développeront une théorie selon laquelle une perception complexe n'est jamais la simple juxtaposition de perceptions élémentaires. Selon ce postulat, nous ne percevons jamais des « éléments » uniques mais toujours des ensembles, un tout, une forme, c'est-à-dire des systèmes de rapports entre les différentes entités.

3. Nous proposons de procéder selon une démarche scientifique empruntée à l'anatomie comparée. Celle-ci suppose que la structuration morphologique des organismes répond à des règles bien précises, et que la forme des organes reste étroitement liée à leurs fonctions. Ce postulat repose essentiellement sur le critère d'homologie tel que l'avait défini Owen en 1843, en comparant des structures ayant le même plan d'organisation mais dont l'anatomie diffère en rapport avec une fonction variable. Autrement dit, l'*homologie* est une *ressemblance structurale* comme en témoigne la comparaison du squelette du bras humain avec l'aile d'une chauve-souris. Cette similitude constitue un des exemples les plus classiques de l'application du *critère anatomique* de l'homologie. En revanche, l'*analogie* est une *similitude de fonction* due à l'adaptation par des voies convergentes à des conditions de vie semblables. La comparaison de la nageoire caudale du poisson avec celle du cétacé illustre parfaitement le cas d'une similitude fonctionnelle, mais non structurale.

4. Il est important de noter que la notion de gènes qui participent au développement de l'embryon relie non seulement la physiologie au développement, mais aussi le développement à l'évolution et l'écologie.

5. Terme signifiant « dedans » (*en*) et « tête » (*képhalé*) en grec. Il s'agit de la partie du système nerveux central contenue dans la boîte crânienne. Cette partie la plus antérieure comprend trois structures : le *cerveau*, le *cervelet* et le *tronc cérébral* qui coiffe lui-même la moelle épinière. L'encéphale assure le contrôle de la plus grande partie des fonctions du système nerveux. Pour certains chercheurs, c'est la nécessité d'augmenter la taille des groupes sociaux plutôt que d'autres exigences cognitives comme la fabrication d'outils ou l'aptitude d'apprendre, qui fut la principale pression de sélection à l'origine de l'encéphalisation de l'homme (*Cf.* R. Dunbar, « Evolution of the social brain », *Science,* 2003, 302, p. 1160-1161).

6. Pour approfondir cette question, le lecteur est invité à consulter les ouvrages suivants : *Les Anatomies de la pensée. À quoi servent les calamars ?*, d'Alain Prochiantz, 1998 ; *La Drosophile aux yeux rouges. Gènes et développement*, de Walter J. Gehrin, 1999 ; *Machine-esprit*, d'Alain Prochiantz,

2000 ; et *Des chimères, des clones et des gènes*, de Nicole Le Douarin, 2000, tous publiés chez Odile Jacob.

7. Thomas Hunt Morgan (1866-1945) fut un pionnier de la génétique. Professeur de zoologie expérimentale à l'Université Columbia à New York (1904), il enseignera ensuite à l'Institut technologique de Pasadena en Californie (1929) où il resta jusqu'à la fin de sa carrière. Expert en zoologie, il étudia les variations phénotypiques de la mouche du vinaigre, la fameuse drosophile. Ses observations lui permettront de découvrir le rôle crucial des chromosomes dans l'hérédité. Sa contribution majeure à la génétique lui vaudra de recevoir le prix Nobel de physiologie et médecine en 1933. Entre autres, on lui doit aujourd'hui l'adoption de la drosophile comme modèle d'étude par les biologistes.

8. Geoffroy Saint-Hilaire (Étienne) était un naturaliste français né à Étampes le 15 avril 1772, puis mort à Paris le 19 juin 1844. Au cours de ses recherches, Geoffroy Saint-Hilaire s'est principalement intéressé à l'anatomie, et en particulier au système osseux auquel il attribuait une certaine prépondérance sur le système nerveux. C'est à Geoffroy Saint-Hilaire que l'on doit la fondation de la ménagerie du Muséum d'histoire naturelle de Paris.

9. « Il semble que la nature s'est renfermée dans certaines limites, et n'a formé tous les êtres vivants que sur un plan unique, essentiellement le même dans son principe, mais qu'elle a varié de mille manières dans toutes ses parties accessoires. » (Étienne Geoffroy Saint-Hilaire, « Mémoire sur les rapports naturels des Makis Lémur », *Magazine encyclopédique*, 1, 289, 1796.) La littérature sur Étienne Geoffroy Saint-Hilaire est abondante et de qualité, mais il ne peut être question ici d'établir une bibliographie exhaustive. Pour une approche chronologique de son œuvre, le lecteur pourra se reporter à « Chronologie sommaire de la vie et des travaux d'Étienne Geoffroy Saint-Hilaire », de Jean-Louis Fischer, dans *Revue d'histoire des sciences*, 1972, 25, p. 293-300.

10. La célèbre controverse de 1830 éclata entre Cuvier et Geoffroy Saint-Hilaire à partir des conclusions d'un mémoire soumis à l'Académie des sciences. Geoffroy Saint-Hilaire tentait de fusionner le couple vertébrés-insectes à l'embranchement des mollusques en proclamant qu'il n'y a véritablement qu'un seul système de composition organique (*cf.* Étienne Geoffroy Saint-Hilaire, *Principes de philosophie zoologique, discutés en mars 1830 au sein de l'Académie royale des sciences*, Pichon et Didier, 1830). Pour un historique complet du concept de plan d'organisation, le lecteur est invité à se référer au document rédigé par H. Le Guyader : « Le concept de

plan d'organisation : quelques aspects de son histoire », *Rev. Hist. Sci.*, 2000, 53, p. 339-379.

11. Ce sont les céphalochordés qui se situent aux frontières entre invertébrés et vertébrés. Ils constituent dès lors un modèle de choix pour comprendre l'origine des vertébrés. Philippe Vernier et son équipe ont montré la constance des systèmes de neurotransmission impliqués dans le désir et les processus affectifs (punition-récompense), notamment dans les espèces les plus anciennes de l'embranchement des vertébrés.

12. Le terme de crâniates utilisé aujourd'hui pour désigner les vertébrés rend compte de l'importance de la « nouvelle tête » dont C. Evans et R. G. North ont été les premiers à souligner le rôle fondateur dans l'émergence du nouvel embranchement (*Science*, 1983, 220, p. 268-274).

13. Les travaux de Nicole Le Douarin ont contribué à montrer le rôle important de la crête neurale, structure embryonnaire transitoire, dans la construction du système nerveux des vertébrés et l'émergence de la tête. Pour plus amples détails concernant la crête neurale, le lecteur est invité à se reporter aux ouvrages de Nicole Le Douarin : *The Neural Crest* (Cambridge University Press, 1982) ; Nicole Le Douarin et C. Kalcheim, *The Neural Crest*, Cambridge University Press, 1999 (2e édition) ; N. Le Douarin, *Des chimères, des clones et des gènes, op. cit.*

14. Elles sont dites « pluripotentes ».

15. Nous donnerons ici quelques informations complémentaires concernant les gènes de cette famille que l'on nomme *Hox*. Impliquée dans l'identité cellulaire le long de l'axe antéro-postérieur des vertébrés, à la manière des gènes homéotiques des insectes, l'expression des gènes *Hox* a été étudiée dans les organes embryonnaires axiaux des vertébrés tels que le tube neural ou la colonne vertébrale. Chez les vertébrés, on dénombre quatre complexes homologues de gènes *Hox* portés par un chromosome différent. Ces gènes sont *paralogues* car ils dérivent d'une succession de deux duplications ayant porté sur le complexe unique d'un ancêtre commun ayant probablement existé avant la divergence des insectes et des vertébrés. Ce sont les accumulations de mutations et duplications successives au cours de l'évolution d'un complexe homéotique, initialement unique, qui ont conduit les invertébrés à se développer sous l'influence des quatre complexes *Hox*.

16. A. Joliot, C. Pernelle, H. Deagostini-Bazin et A. Prochiantz, « Antennapedia homeobox peptide regulates neural morphogenesis », *Proc. Natl. Acad. Sci. USA*, 1991, 88, p. 1864-1868. Pour en savoir plus, nous renvoyons le lecteur aux excellents ouvrages d'Alain Prochiantz, *Les Stratégies*

de l'embryon (PUF, 1987) et *Géométries du vivant* (Fayard, coll. « Leçons inaugurales du Collège de France », 2008).

17. Pour connaître un peu mieux la famille des gènes *Pax*, on pourra consulter la synthèse rédigée par R. Wehr et P. Gruss, « Pax and vertebrate development », *Int. J. Dev. Biol.*, 1996, 40, p. 369-377.

18. Les gènes qui garantissent le positionnement cellulaire durant l'embryogenèse et l'organogenèse sont nommés « gènes sélecteurs » (*cf. Les Anatomies de la pensée*, d'Alain Prochiantz, *op. cit.*).

19. Groupe d'organismes partageant le même ancêtre et qui expriment certains traits communs. Depuis les travaux du Suédois Carl von Linné (1707-1778), la hiérarchie des taxons du monde animal est la suivante : règne/embranchement/classe/ordre/famille/genre/espèce.

20. Ce terme, qui dérive du grec *méta* (« après ») et *zôon* (« animal »), correspond au nom moderne du taxon constitué par les animaux multicellulaires, par opposition aux protozaires, classification qui regroupe les organismes unicellulaires.

21. Le *stade phylotypique* est une période de forte ressemblance de nombreux embryons, même si les organismes concernés, une fois devenus adultes, sont très différents. Ce stade est placé sous le contrôle d'une même famille de gènes dits à homéoboîtes. Cette idée fut avancée pour la première fois par J. M. Slack, P. W. Holland et C. F. Graham, dans un travail publié en 1993 (*Nature,* 361, p. 490-492).

22. Quelques définitions peuvent être utiles ici pour comprendre le jargon parfois complexe des embryologistes. Le gène homéotique se caractérise par une séquence nucléotidique commune à tous les gènes homéotiques : c'est l'homéoboîte. Le gène homéotique code pour une protéine appelée homéoprotéine. Cette protéine est un facteur de transcription codé par un gène homéotique. Elle possède une séquence en acides aminés commune à toutes les homéoprotéines que l'on nomme l'homéodomaine. L'homéoboîte est une séquence de 180 paires de base nucléotidiques qui code pour l'homéodomaine. Ce dernier correspond une séquence de 60 acides aminés dont la conformation tridimensionnelle reconnaît spécifiquement des régions régulatrices de certains gènes. Il nous faut signaler aussi que tous les gènes à homéoboîte ne sont pas des gènes homéotiques (*cf. Les Anatomies de la pensée*, d'A. Prochiantz, *op. cit.*).

23. L'effet homéotique d'une mutation est toujours polarisé. Dans le cas de la mutation *Antennapedia*, on retrouve des pattes à la place des antennes. Il y a transformation homéotique dans le sens postérieur vers antérieur en cas de perte de fonction d'un gène *Hox*, et dans un sens opposé, c'est-à-dire de l'antérieur vers le postérieur, lorsque la mutation du gène

produit un gain de fonction. Cet effet polarisé des mutations des gènes *Hox* est une règle générale applicable des insectes aux vertébrés.

24. Les gènes homéotiques jouent un rôle fondamental et universel dans l'édification de l'embryon. Ces gènes précisent aux cellules leur position selon trois axes possibles : antéro-postérieur, dorso-ventral et droit-gauche (dit aussi latéro-médian). Ces gènes interviendraient au même endroit, quel que soit l'organisme, pour agir en tant que caractère topologique commun à tous les métazoaires. Les processus de développement embryonnaire aussi différents chez une mouche qu'une souris, et plus généralement la diversité du règne animal, dépendent de la participation de gènes similaires (dupliqués ou mutés) appartenant à cette même grande famille de gènes.

25. La caractéristique du système nerveux des arthropodes est de se présenter sous forme ganglionnaire au niveau ventral. Tous les arthropodes possèdent une paire de ganglions cérébroïdes et une autre paire sous-œsophagiens, mais aucune partie antérieure de ce système nerveux n'est développée. Telle une échelle de corde, les ganglions de chaque paire sont réunis par une commissure et les paires successives sont unies par des connectifs. Seuls quelques arthropodes supérieurs possèdent des ganglions qui tendent à fusionner en une ou plusieurs grosses masses nerveuses, mais on reste encore très loin d'une ébauche de la tête.

26. Les premiers sont qualifiés d'« hyponeuriens », alors que les seconds sont dits « épineuriens ».

27. Cette famille de gènes est héritée d'un ancêtre commun datant du début de l'ère primaire, c'est-à-dire remontant au moins à cinq cent cinquante millions d'années.

28. E. B. Lewis, *Nature,* 1978, 276, p. 565-570.

29. L'amphioxus se présente comme une sorte de ver immobile qui vit enfoui dans les fonds marins. Pour se nourrir, il filtre le plancton agité par les vagues. Sa position dans l'échelle du vivant est remarquable car ce petit animal semble presque inchangé depuis près de cinq cent vingt millions d'années. Bien qu'officiellement invertébré, ce véritable fossile vivant partage des traits communs avec les vertébrés comme, par exemple, l'existence d'un cordon nerveux creux courant de haut en bas, le long de son dos, à la manière de la moelle épinière des vertébrés. Également, la notochorde d'amphioxus, structure cartilagineuse à la fois rigide et souple qui soutient le corps, ressemble étrangement à la colonne vertébrale des vertébrés. En raison de sa position dans l'arbre de la vie, l'amphioxus est la clé de la compréhension de l'origine des vertébrés – le groupe des animaux à squelette osseux qui comprend les poissons, les amphibiens, les reptiles, les

oiseaux et les mammifères. Tel un ancêtre piégé dans l'ambre, l'amphioxus appartient au groupe très fermé des créatures, de grande valeur pour les scientifiques, que Darwin lui-même appelait les « fossiles vivants », c'est-à-dire des espèces vivantes de nos jours, mais remarquablement semblables à leurs ancêtres fossilisés.

30. Le groupe des chordés est un des phylums majeurs des métazoaires. On estime qu'environ 51 000 espèces vivantes appartiennent à ce vaste phylum. Les céphalochordés sont considérés comme les plus proches parents des vertébrés au sein des chordés, ce qui explique pourquoi l'amphioxus reste largement le modèle le plus utilisé pour comprendre les lois qui régissent l'évolution du développement, d'où la terminologie « évo-dévo », souvent employée par les spécialistes.

31. En 1995, le prix Nobel de physiologie ou médecine était décerné aux chercheurs qui ont découvert l'existence de mutations homéotiques. Il s'agissait d'Edward Lewis, de Christiane Nüsslein-Volhard et d'Eric Wieschaus, juste un siècle et une année après la formulation du concept d'homéose énoncé par William Bateson (1861-1926).

32. J. Deutsch et H. Le Guyader, *J. Soc. Biol.*, 2000, 194, p. 71-79.

33. Cet ensemble comprend une trentaine de phylums parmi lesquels les arthropodes, les mématodes, les vers plats et les vertébrés.

34. Il existe huit gènes homéotiques chez la drosophile dont *antennapedia* et *ultrabithorax* parmi les plus étudiés. Chez les vertébrés (reptiles, souris et hommes), il existe quatre complexes homéotiques. Les gènes les plus postérieurs ont été dupliqués plusieurs fois. En conséquence, on dénombre actuellement trente-huit gènes homéotiques chez l'homme. Les gènes à *homéoboîte* codent pour des protéines qui présentent un homéodomaine ; ce sont des facteurs de transcription de la famille des hélice-boucle-hélices. Si les gènes à homéoboîte concernent de nombreux êtres vivants (plantes, champignons, animaux), les gènes homéotiques de la famille *Hox* sont spécifiques aux animaux.

35. D. Dubole et G. Morata, *Trends in Genetic,* 1994, 10, p. 358-364.

36. « J'ai utilisé les termes "monstre prometteur" pour exprimer l'idée que des mutations (homéotiques) qui sont à l'origine de monstruosités peuvent avoir joué un rôle considérable dans la macroévolution. Une monstruosité apparaissant en une seule étape génétique pourrait permettre l'occupation d'une nouvelle niche écologique et donc produire un nouveau type en une seule étape. Un chat présentant une fusion congénitale des vertèbres caudales ou un rat ou une souris présentant la même mutation, n'est qu'un monstre. Mais un mutant d'archaeopteryx doté de la même monstruosité fut un monstre prometteur, car la disposition consécutive en éventail des

plumes de la queue fut un grand progrès en regard de la mécanique du vol » (R. B. Goldschmidt dans *The Materials Bais of Evolution*, Yale University Press, 1940, p. 390-391).

37. Pour une revue de l'œuvre de Richard Goldschmidt, le lecteur pourra consulter l'article rédigé par Stéphane Schmitt et intitulé : « L'œuvre de Richard Goldschmidt : une tentative de synthèse de la génétique, de la biologie du développement et de la méthode de l'évolution autour du concept d'homéose », paru dans la *Revue d'histoire des sciences*, 2000, 53, p. 381-400.

38. Le seul céphalochordé survivant actuellement est l'amphioxus. Il est constitué d'un ensemble répétitif de segments où il est impossible de distinguer un cou, d'un thorax, d'un abdomen, d'un bassin et d'une queue, comme pour les vertébrés terrestres.

39. L'ère primaire a commencé il y a – 540 millions d'années. Les poissons sont les premiers animaux à posséder un squelette interne. Avant leur apparition, les animaux étaient munis d'un squelette externe, c'est-à-dire qu'ils possédaient une coquille. Les premiers animaux terrestres apparaissent à peu près il y a – 360 millions d'années.

40. J. Deutsch et H. Le Guyader, *J. Sté Biol.*, 2000, 194, p. 71-79.

41. Les grandes innovations génétiques reposent sur la duplication d'un gène puis l'accumulation aléatoire de mutations. L'ensemble des mutations d'un gène peuvent soit l'inactiver (il s'agit d'un pseudo-gène), soit apporter de nouvelles fonctions, bénéfiques ou néfastes, à l'organisme. En fait, le bricolage du vivant n'anticipe pas les résultats escomptés.

42. On pourra consulter l'ouvrage historique de René Thom intitulé *Stabilité structurelle et morphogenèse. Essai d'une théorie générale des modèles*, InterÉditions, 1972. Le passage suivant extrait de son ouvrage (p. 31) indique les fondamentaux de sa théorie : « La notion de stabilité structurelle est à mes yeux une notion clé dans l'interprétation des phénomènes de quelque discipline que ce soit (sauf peut-être en physique quantique)... Observons seulement que les formes subjectivement identifiables, les formes pourvues d'une dénomination représentée dans le langage par un substantif sont nécessairement des formes structurellement stables. »

43. D'Ilya Prigogine, on citera : « La physique de l'équilibre nous a donc inspiré une fausse image de la matière. Nous retrouvons maintenant la signification dynamique de ce que nous avions constaté au niveau du phénomène logique : la matière à l'équilibre est aveugle et, dans les situations de non-équilibre, elle commence à voir », extrait de *La Fin des certitudes*, Odile Jacob, 2001, p. 228.

44. Ce brillant mathématicien (1924-2010) a publié en 1973 un ouvrage intitulé *Les Objets fractals : forme, hasard et dimension* (Flammarion) ; consulter aussi du même auteur *The Fractal Geometry of Nature*, J. Wiley, 1982.

45. D. Ruelle et F. Takens, *Commun. Math. Phys.*, 1971, 20, p. 167 ; 1971, 23, p. 343 ; S. Newhouse, D. Ruelle et F. Takens, *Commun. Math. Phys.*, 1978, 64, p. 35.

46. *On Growth and Form* sera publié en 1917 chez Cambridge University Press. D'Arcy Thompson y explore l'architecture du Vivant soumis à des contraintes physiques. Entre autres, il explique comment le monde vivant subit des forces physiques que les biologistes négligent, préférant tout expliquer par la loi fourre-tout de la sélection naturelle. Inspiré par des philosophes comme Francis Bacon, D'Arcy Thompson refusera d'aborder la science naturelle comme une discipline à la recherche d'explications finalistes.

47. « Le zootype neuronal est un ensemble particulier de gènes dont la fonction primordiale, primaire et primitive, est de déterminer les trajets neuronaux qui mettent le système nerveux central et le plan du corps en correspondance harmonieuse. » Extrait de J. Deutsch et H. Le Guyader, *J. Sté Biol.*, 2000, 194, p. 71-79.

48. *Cf. Des chimères, des clones et des gènes* de Nicole Le Douarin, 2000, *op. cit.*

49. Chez les métazoaires, on différencie les parazoaires, des mésozoaires et des eumétazoaires. Les parazoaires et les mésozoaires sont des organismes dont les cellules s'assemblent pour former des conglomérats, des amas. Chez les eumétazoaires, les cellules subissent une vraie différenciation cellulaire. Ces organismes possèdent des feuillets embryonnaires capables de donner par la suite différents tissus, et donc des organes.

50. Pour une lecture plus approfondie du sujet, le lecteur est invité à se référer aux ouvrages d'Alain Prochiantz.

51. C'est à l'embryologiste allemand Karl von Baer (1792-1876) que l'on doit la théorie des trois feuillets durant la formation de l'embryon.

52. On trouvera une analyse plus exhaustive sur le développement de l'embryon dans l'ouvrage *Des chimères, des clones et des gènes* de Nicole Le Douarin, *op. cit.*

53. Dans la nature, il existe trois stratégies différentes pour construire un embryon :

— À la mode de *Caenorhabditis elegans (Némathelminthe)*. Ce petit ver transparent et rond ne contient qu'un millier de cellules au total dont 959 cellules somatiques et précisément 3 023 neurones et 95 cellules musculaires. Dans ce cas, la segmentation de l'œuf est dite « en mosaïque ». Dès la première division de l'œuf en deux cellules, l'une se positionnera au pôle antérieur et l'autre au pôle postérieur. Si une cellule vient à manquer, alors c'est toutes la descendance qui n'apparaîtra pas. Dès la première division, le destin de la cellule est scellé.

— À la mode des insectes où le développement s'effectue sous forme d'un syncytium, c'est-à-dire qu'il n'y a pas de segmentation. En revanche, il se forme deux axes : un système bicoïd-nanos et un système dorsal.

— À la mode des vertébrés. L'œuf se segmente selon des règles de complémentation. Si quelques cellules (les blastomères) viennent à manquer, les autres cellules restantes seront capables de compenser le déficit. Cette propriété souligne l'absence de lignage cellulaire prédéfini ; le destin des cellules ne sera fixé que tardivement au cours de la gastrulation.

54. Le stade correspondant au maximum de ressemblance entre les différents membres d'un phylum est le stade phylotypique que nous avons précédemment décrit.

55. Entre autres, Ernst Haeckel (1834-1919) suggérait que « la série des formes par lesquelles passe l'organisme individuel à partir de la cellule primordiale jusqu'à son plein développement n'est qu'une répétition en miniature de la longue série des transformations subies par les ancêtres du même organisme, depuis les temps les plus reculés jusqu'à nos jours ».

56. Il s'agit d'une approche pluridisciplinaire récente où les embryologistes côtoient les biologistes moléculaires, évolutionnistes, paléontologues, morphologistes, physiologiques, zoologistes et bio-informaticiens. Deux ouvrages font le point sur cette discipline : N. Shubin, *Your Inner Fish. A Journey into the 3.5 Billion-Year History of the Human Body*, 2008 ; Lane Allen et S. B.Carroll, *Endless Forms Most Beautiful : The New Science of Evo Devo and the Making of the Animal Kingdom*, 2005.

57. L'endoderme participe à l'ébauche du tractus intestinal, au revêtement de tout le tube digestif et le conduit de toutes les glandes exocrines, et les cellules sexuelles primaires que sont les spermatozoïdes et ovules. En revanche, le mésoderme donne naissance au cartilage, aux os, aux cellules sanguines, aux cellules musculaires et participe à la formation d'organes comme le cœur, le foie, les intestins, les poumons, la rate, les reins, l'estomac et le péritoine.

58. *Cf.* Pour plus d'informations sur les travaux de Spermann, on consultera l'excellent ouvrage de N. Le Douarin, *Des chimères, des clones et des gènes*, *op. cit.*

59. Pour Hans Spermann, un *organisateur* est une région de l'embryon capable d'induire la formation de tissus nouveaux et de les agen-

cer dans l'espace (*cf.* C. Waddington, *Organisers and Genes,* Cambridge University Press, 1940).

60. Ici encore, nous renvoyons le lecteur désireux d'en connaître un peu plus sur l'épopée de la découverte de l'induction neurale, et ses conséquences sur la pensée qui présidait à l'époque en embryologie animale, à l'ouvrage *Des chimères, des clones et des gènes,* publié par Nicole Le Douarin, *op. cit.*

61. Une substance qui joue un rôle crucial dans la formation d'un patron et dont la concentration varie dans l'espace, et avec le temps, est appelée « morphogène ».

62. C'est ce même bon sens qui poussa Jean-Baptiste Lamarck, le père de la théorie du transformisme, à distinguer dans le règne animal les vertébrés des invertébrés. Dans son discours d'ouverture du 21 floréal an VIII, il énonça clairement les bases de cette distinction : « Depuis plusieurs années, je fais remarquer dans mes leçons au Muséum que la considération de la présence ou de l'absence d'une colonne vertébrale dans le corps des animaux, partage tout le règne animal en deux catégories très différentes l'une de l'autre, et que l'on peut en quelque sorte considérer comme deux grandes familles du premier ordre [...]. Tous les animaux connus peuvent donc être distingués d'une manière remarquable : 1) Les animaux à vertèbres et 2) les animaux sans vertèbre », dans *Système des animaux sans vertèbre, ou tableau général des classes, des ordres et des gènes de ces animaux* par J.-B. Lamarck, Déterville, an IX – 1801, p. 6-7.

63. Le caractère essentiel des vertébrés est la superposition de quatre organes : un système nerveux, une chorde (c'est-à-dire un tube nerveux dorsal), l'aorte et un tube digestif.

64. Cet animal est le plus célèbre représentant des céphalochordés. Le terme amphioxus provient d'*amphis* qui signifie « deux » en grec et d'*oxys* qui signifie « pointu ». Cet ancêtre des vertébrés est « pointu » aux deux extrémités de son corps ; il est donc dépourvu d'une tête d'où le nom de la théorie : la « nouvelle tête ».

65. Depuis plus de deux siècles, les biologistes débattent sur l'origine des vertébrés. En particulier, l'historique de leur classification est jalonné de querelles scientifiques. Elle débute dès 1758 avec Carl von Linné qui distinguera quatre classes : les poissons, les amphibiens (comprenant reptiles, batraciens et certains poissons), les oiseaux, et les mammifères. C'est en 1816 qu'Henri Marie Ducrotay de Blainville suggère que les reptiles soient considérés comme appartenant à une cinquième classe, fort différente des amphibiens. Puis, c'est le paléontologiste suédois Erick Helge Anderson Stensiö, qui proposera en 1926 qu'une distinction soit opérée entre

agnathes (sans mâchoire) et gnathostomes (pourvus d'une mâchoire). Le sous-embranchement des agnathes regroupe alors des vertébrés pisciformes sans mâchoire. La reclassification des poissons conduit à séparer les agnathes des autres poissons gnathostomes. Aujourd'hui, le groupe des poissons constitue une superclasse que l'on subdivise en deux classes : les chondrichthyens (du grec *chondros*, « cartilage », et *ichthyos*, « poisson ») et les osteichtyens (poissons osseux), de sorte que l'embranchement des vertébrés comporte sept classes réparties en deux sous-embranchements, la superclasse des poissons ne comprend plus que les seuls gnathostomes aquatiques à nageoires.

66. Tous les autres vertébrés appartiennent à la superclasse des gnathostomes, c'est-à-dire les vertébrés à mâchoires. Autrefois très abondants sur notre planète, les agnathes aujourd'hui ne sont plus représentés que par deux espèces : la myxine et la lamproie.

67. Ce phylum est caractérisé par la possession d'un axe squelettique rigide que l'on nomme la notochorde. Les chordés partagent le même ancêtre avec les prochordés, représenté par les céphalopodes (comme l'amphioxus) et les urochordés (comme l'ascidie). Cette divergence aurait eu lieu il y a plus de sept cent cinquante millions d'années.

68. Il s'agit d'une structure nerveuse de l'embryon des vertébrés dont le développement aboutit à la formation des hémisphères cérébraux. On parle aussi de cerveau antérieur.

69. Contrairement à la théorie énoncée par Karl von Baer selon laquelle le mésoderme produit le mésenchyme et les os du squelette, nous savons aujourd'hui qu'une partie de l'ébauche ectodermique participe également à la formation du tissu squelettique.

70. Il s'agit d'une vésicule unique, chez l'embryon, dont la subdivision caudale produira le diencéphale, au cours de la formation du système nerveux central des vertébrés.

71. Contrairement aux neurones, les cellules gliales ne sont pas excitables. Cependant, les neurobiologistes découvrent tous les jours de nouvelles propriétés qui, sur un plan fonctionnel, montrent combien les cellules gliales peuvent ressembler aux neurones. Dix fois plus nombreuses que ces derniers, les cellules gliales restent inséparables des neurones tant par leur origine embryonnaire commune que par leur disposition anatomique. Classiquement, on distingue trois types de cellules gliales : les astrocytes, la microglie et les oligodendrocytes.

72. On parle alors d'un gradient rostro-caudal.

73. Les molécules impliquées dans le contrôle génétique du développement embryonnaire sont des gènes qui interagissent directement avec la

molécule d'ADN pour réguler l'expression d'autres gènes. On dit d'eux qu'ils exercent une fonction de sélection et appartiennent à la très grande famille des facteurs de transcription. C'est pour cette raison qu'ils sont aussi nommés « gènes sélecteurs ».

74. C'est à Conrad Waddington (1905-1975) que l'on attribue l'invention du terme « épigénétique », en 1942. Cette terminologie se rapportait à « la branche de la biologie qui étudie les relations de cause à effet entre les gènes et leurs produits, faisant apparaître le phénotype ». Mais l'origine du concept remonte à Aristote (384-322 av. J.-C.) pour qui le développement d'une forme organique dérive de l'informe. En neurobiologie, l'épigenèse signifie que s'il existe bien un programme fixé d'avance, son expression est variable, car les interactions du sujet avec l'environnement s'inscrivent très fortement dans la physiologie de ses neurones.

75. La mort cellulaire programmée, aussi appelée apoptose ou suicide cellulaire, joue un rôle important dans le dessin des contours d'un organe durant la morphogenèse, puis plus tard, dans le fonctionnement des tissus de l'adulte. Par exemple, sans l'action de la mort cellulaire programmée, la membrane interdigitale ne serait pas rompue et le fœtus serait doté de mains et de pieds palmés.

76. De nombreuses molécules fort complexes, souvent sous forme polymérique, régulent l'activité fonctionnelle de la matrice extra-cellulaire. Celle-ci est constituée de deux parties, la matrice interstitielle et la membrane basale composée d'une couche protéique dense. Les travaux les plus récents soulignent l'importance des interactions entre les cellules nerveuses et la matrice extra-cellulaire dans le contrôle de tous les processus cellulaires liés au développement neuronal : prolifération, migration et différenciation cellulaire. On trouvera de plus amples détails dans l'ouvrage de Michel Imbert, *Traité du cerveau*, Odile Jacob, 2006, p. 78.

77. Le lieu où s'effectue l'échange d'information entre un neurone et sa cible se nomme synapse. Il existe deux sortes de synapses. Les synapses chimiques où les neurotransmetteurs servent de relais à l'influx nerveux. Les synapses électriques, en revanche, permettent le passage direct de l'influx nerveux sans intermédiaire chimique.

78. Pour de plus amples informations, on pourra consulter la revue de Jean Deutsch et Hervé Le Guyader, « Le zootype neuronal », *Journal de la Société de biologie*, 2000, 194, p. 71-79.

79. S. Sugiyama, A. A. Di Nardo, S. Aizawa, I. Matsuo, M. Volovitch, A. Prochiantz et T. Hensch, « Experience-dependent transfer of Otx2 homeoprotein into the visual cortex activates postnatal plasticity », *Cell*, 2008, 134, p. 508-520 ; et S. Sugiyama, A. Prochiantz et T. Hensch, « From

brain formation to plasticity : insights on Otx2 homeoprotein », *Dev. Growth Differ.*, 2009, 51, p. 369-377.

80. E. Téglás, V. Girotto, M. Gonzalez, J. B. Tenenbaum et L. L. Bonatti, « Pure reasoning in 12-month-old infants as probabilistic inference », *Science*, 2011, 332, p. 1054-1059.

81. Nous reviendrons sur cet aspect à de nombreuses reprises.

CHAPITRE 2
Le chef-d'œuvre

1. L'allocortex se forme précocement entre la huitième et la douzième semaine de gestation. Il compte entre trois et six couches cellulaires selon les régions considérées : 1) le mésocortex qui est un cortex de transition entre le néo- et l'archicortex, il correspond chez l'adulte au cortex parahippocampique et au gyrus cingulaire ; 2) l'archicortex est la partie olfactive du rhinencéphale. Il correspond chez l'adulte au gyrus dentelé et à l'hippocampe (corne d'Ammon). Il gère les comportements les plus élémentaires qui permettent d'assurer la survie de l'espèce ; 3) le paléocortex est également lié au système olfactif. Il comprend chez l'adulte les bulbes et tubercules olfactifs, le cortex pyriforme et entorhinal. Le paléocortex contrôle la motivation, l'attention sélective et les réactions émotives d'un individu. Il participe à la sélection des comportements en fonction d'un répertoire acquis lors d'apprentissages antérieurs.

2. Le néocortex se forme entre la douzième et la vingt-huitième semaine de gestation. Quelle que soit la région considérée, il compte toujours six couches cellulaires. La taille du néocortex varie d'une espèce à l'autre. Les poissons et les amphibiens n'en possèdent pas, chez la musaraigne le néocortex représente 20 % du poids total du cerveau et 80 % de celui de l'humain. En fait, c'est durant la transition des primates à l'humain que le néocortex s'est le plus développé. Et parmi toutes les régions du néocortex, c'est le cortex préfrontal qui a connu certainement la plus forte expansion chez l'humain.

3. J.-D. Vincent, *Voyage extraordinaire au centre du cerveau*, Odile Jacob, 2007.

4. Il existe un courant de pensée, le computationnisme, selon lequel toute activité mentale se résume à une suite logique d'opérations exécutées très rapidement, en série. Cette hypothèse fut défendue pour la première fois en 1943 par Pitts et McCulloch (W. Pitts et W. S. McCulloch, « A logical calculus of the ideas immanent in nervous activity », *Bull. Math. Biophys.*,

1943, 5, p. 115-133), pour qui la pensée pouvait se résumer à une série de représentations symboliques opérant à la manière d'une machine, d'un ordinateur.

5. Le cerveau n'exerce pas une seule fonction sur laquelle pourrait agir l'évolution. Il est plutôt une collection de systèmes, que les théoriciens nomment des « modules », contrôlant certaines fonctions cérébrales. On remarquera que l'évolution agit donc sur des modules individuellement plutôt que sur l'ensemble du cerveau. Même si l'évolution a permis de jouer en faveur d'une augmentation globale de la taille du cerveau des primates par exemple, son influence se fait surtout sentir sur des systèmes spécifiques. Chez l'homme par exemple, cela se traduit par une aire auditive relativement petite par rapport à celle du chat tandis que l'aire visuelle sera appelée à se développer de façon bien plus importante chez l'homme que chez le chat.

6. Les cellules gliales occupent l'espace laissé vacant par les neurones. Puisqu'elles ne sont pas excitables, on a longtemps pensé que leur fonction était de réguler le passage de l'influx nerveux grâce à leur effet isolant. Depuis quelques décennies, on assiste à un véritable renouveau de leur statut, passant de la simple gaine isolante au partenaire essentiel pour le fonctionnement optimal des neurones. D'un simple rôle de soutien, la cellule gliale se voit ainsi attribuer des fonctions aussi diverses que la régulation du système vasculaire cérébrale, une participation active à la transmission nerveuse entre neurones, ou d'assurer les fonctions de cellule souche neuronale, chez l'adulte. On compte souvent un rapport de dix cellules gliales pour un seul neurone. Depuis quelques années, le nombre total de cellules gliales dans le cerveau a cependant été révisé. Par exemple, Azevedo et ses collègues estiment qu'il existe environ 86 milliards de neurones pour 85 milliards de cellules gliales dans le cerveau humain adulte (F. A. Azevedo et coll., « Equal numbers of neuronal and nonneuronal cells make the human brain an isometrically scaled-up primate brain », *J. Comp. Neurol.*, 2009, 513, p. 532-541). Ce ratio varie selon les structures cérébrales observées. Il est plus important pour les régions sous-corticales mais ne dépasse jamais le deux pour un en faveur des cellules gliales dans le cortex. Sur l'ensemble de l'encéphale, le ratio tend vers un, une valeur guère différente des autres mammifères ou primates.

7. Dans une synapse chimique entre deux neurones, le neurone d'où provient l'influx nerveux est appelé présynaptique. Celui où se fixeront les messagers chimiques, ou neurotransmetteurs, reçoit l'épithète de postsynaptique.

8. L'épigenèse (étymologiquement « au-delà des gènes ») se rapporte à l'ensemble des influences exercées par l'environnement cellulaire, ou phy-

siologique, sur l'expression des gènes d'une cellule. Dans le contexte des neurosciences, ce terme s'applique aussi aux effets de l'activité nerveuse sur la forme et/ou les fonctions des circuits et des neurones.

9. Chez les vertébrés, la *céphalisation* s'accroît des groupes les plus anciens (poisson par exemple) aux groupes les plus récents (mammifères). En revanche, chez les invertébrés, ce processus ne répond pas aux mêmes lois phylogénétiques. Dans le cas de la transition des invertébrés aux vertébrés, c'est la forme générale du corps, la diversité des organes sensoriels, le mode de vie et la variété des comportements qui seront davantage les forces évolutives de la céphalisation.

10. Ensemble des gènes portés par les chromosomes d'une cellule donnée.

11. Ensemble des traits d'un individu, ou d'un organe, issus de l'expression de ses gènes et de leurs interactions avec l'environnement.

12. Comme le souligne Alain Prochiantz, « le concept d'individu n'est pas identique selon les espèces. Il n'est pas le même chez un ver qui ne se distingue en rien, ou presque, de son voisin et chez un vertébré dont la structure du système nerveux porte la trace matérielle de l'histoire individuelle » (*Les Anatomies de la pensée, op. cit.*, p. 76).

13. Il s'agit de l'attache hypophysaire.

14. Cette bascule de la tête vers l'arrière permettra l'émergence de la station érigée (la bipédie). Incidemment, elle facilitera la descente du larynx (lequel reste en position haute chez les grands singes) pour permettre la vocalisation.

15. Elle sera véritablement rigide deux années après la naissance.

16. Ces gros faisceaux de fibres nerveuses regroupent environ deux cents millions d'axones.

17. Dans les années 1950, l'équipe de Roger Sperry, en Californie, a montré que la section du corps calleux (*split-brain*) n'avait curieusement aucune incidence sur le comportement des patients. Ces personnes avaient subi une section complète du corps calleux pour empêcher la propagation de crises d'épilepsie d'un hémisphère à l'autre. En revanche, ces personnes au « cerveau divisé » réagissaient comme si elles possédaient deux consciences autonomes. Lorsqu'on divise le cerveau, il semblerait donc que la conscience le soit aussi.

18. Le lobe *frontal* est limité en arrière par le sillon central ou scissure de Rolando, en bas par le sillon latéral ou scissure de Sylvius et à la face interne de l'hémisphère par le sillon du cingulum. Le lobe *pariétal* s'étend sur la partie supérieure et moyenne de la face externe de l'hémisphère. Il est limité en avant par le sillon central, en bas, par le sillon latéral, en

arrière, par le sillon postéro-occipital. Le lobe *occipital* occupe le pôle le plus avancé de l'hémisphère ; le lobe *temporal*, la partie moyenne et inférieure de l'hémisphère. Le lobe *insulaire* est situé dans le fond du sillon latéral : il faut en écarter les lèvres pour l'apercevoir. Le *cingulum*, enfin, entoure à la face interne de l'hémisphère l'insertion du corps calleux ; il rejoint en arrière le gyrus para-hippocampique du lobe temporal pour former la circonvolution limbique.

19. À la fin du XVIIIe siècle, la mode était à la recherche des localisations précises des grandes fonctions mentales avec Vincenzo Malacarne (1744-1816) puis Franz Joseph Gall (1757-1828), ce dernier étant le fondateur d'une théorie (la phrénologie) selon laquelle à chaque fonction mentale est associée une aire cérébrale. Un peu plus tard, sans adhérer aux principes de la phrénologie, Paul Broca (1824-1880), puis Carl Wernicke (1848-1904) ont établi des correspondances précises entre aire cérébrale et fonction mentale, à partir de l'observation de cas cliniques. Au début du XXe siècle, Korbinian Brodmann (1868-1918) décrit cinquante-deux aires sur la base de leur organisation cellulaire. Ce localisationnisme suscitera des critiques sévères de la part des adeptes de la théorie des « réflexes conditionnés » énoncée par Ivan Pavlov (1849-1936), puis défendue avec véhémence par les béhaviouristes pour lesquels le cerveau est une « boîte noire » qu'il convient d'ignorer pour se concentrer plutôt sur l'étude des comportements.

20. Selon le théoricien Jerry Fodor, le cerveau humain fonctionnerait à partir de petits programmes spécialisés qu'il définit comme des modules. Les colonnes représenteraient le substrat anatomique capable d'assurer un traitement autonome et modulaire, différent d'une colonne à l'autre (*Cf.* Jerry A. Fodor, *La Modularité de l'esprit*, Minuit, 1983). Dans ce contexte, on citera aussi les travaux pionniers de Hubel et Wiesel qui découvrirent les colonnes du cortex visuel de chat (D. H. Hubel et T. N. Wiesel, « Receptive fields binocular interaction and functional architecture in the cat's visual cortex », *J. Physiol. Lond.*, 1962, 160, p. 106-154) et du singe (D. H. Hubel et T. N. Wiesel, « Functional architecture of macaque monkey visual cortex », *Proc. Roy. Soc. Lond.*, 1977, 198, p. 1-59). Peu de temps avant, c'est V. Mountcastle qui avait montré la voie en observant le cortex somato-sensoriel du chat (V. B. Mountcastle, « Modality and topographic properties of single neurons of cat's somatic sensory cortex », *J. Neurophysiol.*, 1957, 20, p. 408-434).

21. Pour V. S. Ramachandran, de l'Université de Californie à San Diego, la conscience émergea lorsqu'un ensemble de structures nerveuses aurait évolué durant l'hominisation afin d'envoyer les « sorties » des aires sensorielles primaires vers le thalamus qui, après traitement, peut les renvoyer vers le cortex où cette information donnera lieu à une « métarepré-

sentation ». Autrement dit, au lieu de produire de représentations sensorielles primaires, le cerveau humain s'est offert la possibilité de créer des « représentations de représentations », un dispositif qui pourrait être à l'origine de la pensée symbolique. Par ce tour de magie, et sous cette forme bonifiée, l'information sensorielle de la sensation deviendrait alors plus aisément manipulable, notamment pour le langage.

22. Certains chercheurs, comme Rodolpho Llinás de l'Université de New York, considèrent que cette convergence d'informations dans le thalamus, puis l'existence d'une boucle réciproque entre le thalamus et le cortex, fournissent un support biologique à la conscience (*cf.* R. Llinás, *I of the Vortex : From Neurons to Self*, MIT Press, 2001).

23. J.-D. Vincent, *Biologie des passions*, Odile Jacob, 1986.

24. Ce terme désigne les réactions physiologiques coordonnées, et en grande partie, automatisées qui sont indispensables au maintien des états internes stables d'un organisme vivant.

25. L'autostimulation peut être observée chez nombre d'animaux y compris la souris, le rat, le singe, le poisson rouge, le chat, le pigeon, le marsouin, etc.

26. Rappelons que l'origine du terme addiction provient du latin *addictus*, qui signifie « esclave pour dette ».

27. J. A. Kauer et R. C. Malenka, « Synaptic plasticity and addiction », *Nat. Rev. Neurosci.*, 2007, 8, p. 844-858.

28. Il s'agit des comportements d'approche et d'appropriation des objets.

29. J.-D. Vincent, *Biologie des passions*, *op. cit.*

30. R. L. Solomon et J. D. Corbit, « An opponent-process theory of motivation. I. Temporal dynamics of affect », *Psychol. Rev.*, 1974, 8, p. 119-145.

31. J.-D. Vincent, *La Chair et le Diable*, Odile Jacob, 1996.

CHAPITRE 3
L'atelier du cerveau

1. Pour plus d'informations concernant l'aspect évolutif de la régénérescence, le lecteur pourra consulter la revue de E. M. Tanaka et P. Ferretti parue dans *Nat. Rev. Neurosci.*, 10, 2009, p. 713-723.

2. La métaphore ancienne de l'arbre de la vie propose une organisation des espèces animales et végétales selon une hiérarchie où l'ancêtre commun à deux espèces proches possède un statut inférieur, en raison du plus grand perfectionnement ou achèvement de la descendance. À la cime de l'arbre, on

y trouve notre espèce. Dans des versions plus récentes, plusieurs branches correspondent à autant de lignées, mais notre espèce reste quand même à l'extrémité de l'une d'entre elles. Le terme « supérieur » dérive de cette vision hiérarchique. On le sait aujourd'hui, l'émergence d'une nouvelle espèce n'implique pas toujours la disparition de l'ancêtre commun.

3. Alain Prochiantz, *Les Anatomies de la pensée*, *op. cit.*

4. La dynamique de l'embryogenèse joue un rôle crucial dans l'expression du phénotype car la transcription n'est pas synchronisée entre tous les gènes, et pour toutes les cellules. C'est de cette façon que des mutants peuvent émerger sans impliquer une quelconque modification de leurs gènes. L'insecte naîtra avec deux paires d'ailes (si c'est un papillon) au lieu d'une seule (s'il s'agit d'une mouche) en fonction de l'instant où les cellules participant à la construction des ailes se différencient. Pour plus d'information sur les détails de ce phénomène, que l'on nomme « hétérochronologie » lorsqu'il intervient durant le développement, on pourra se reporter à la thèse de Florian Ferrand, *La Flexibilité humaine, une nouvelle dimension dans l'évolution*, soutenue en juin 2008 à l'Université du Québec à Montréal.

5. B. A. Reynolds et S. Weiss, *Science*, 1992, 255, p. 1707.

6. J. Altman, *Science*, 1962, 135, p. 1127.

7. P.-M. Lledo, P. Gaspar et A. Trembleau, « La curieuse partition des nouveaux neurones », *La Recherche*, 2003, 367, p. 54-60.

8. Thomas Kuhn est l'auteur de l'ouvrage à succès intitulé *La Structure des révolutions scientifiques*, paru en 1962 (Flammarion, coll. « Champs », 1983).

9. Nous utiliserons aussi le terme de neurogenèse *secondaire* pour distinguer la production chez l'adulte de celle qui préside à la construction du système nerveux de l'embryon, appelée neurogenèse *primaire*. Cette dernière qui appartient à l'*ontogenèse* comprend toute la période du développement jusqu'à la maturité sexuelle.

10. A. Prochiantz, *Machine-esprit*, *op. cit*.

11. Comme nous l'avons souligné en introduction, il n'existe pas proprement dit de périodes critiques durant lesquelles l'apprentissage doit être effectué mais plutôt des périodes sensibles où l'apprentissage sera plus efficace.

12. Il faut distinguer deux phases cruciales dans le développement du cerveau du nouveau-né, vis-à-vis de l'expérience. La première phase est passive, elle concerne la période durant laquelle l'apprentissage attend de recevoir une expérience. Durant la seconde phase, l'apprentissage dépend de l'expérience, le cerveau est actif et attentif. À titre d'exemple, on peut citer l'apprentissage de la grammaire qui correspond à des phénomènes attendant de recevoir de l'expérience : pour que l'apprentissage puisse avoir lieu

avec facilité, l'expérience doit avoir lieu durant une courte fenêtre de temps (c'est la période sensible). En revanche, le lexique de notre langue peut s'enrichir à tout moment selon un processus dépendant de l'expérience qui n'a pas de limite dans le temps.

13. On appelle « néoténie » l'apparition de la maturité sexuelle avant que le développement somatique ait atteint le stade adulte et reste donc bloqué à l'état larvaire. L'exemple célèbre de l'axolotl (*Ambystoma mexicanum*) considéré comme une espèce à part entière jusqu'à ce que l'on réalise qu'il s'agit en fait d'une larve de salamandre brune à taches jaunes, en provoquant la métamorphose par un traitement hormonal. La néoténie se distingue de la « pédomorphie », qui est la persistance des caractères infantiles, ou embryonnaires, chez l'adulte.

14. En 1980, le biologiste et prix Nobel de physiologie et médecine François Jacob indiquait que « l'être humain est certes programmé, mais programmé pour apprendre », façon de mettre un terme au sempiternel dilemme entre l'inné et l'acquis. Cette tendance de vouloir enfermer l'homme dans un déterminisme biologique le réduit en même temps à une servitude de la pensée, alors que c'est justement la liberté d'inventer et d'imaginer qui distingue l'homme des autres espèces. Grâce à son cerveau, l'homme reste le seul à pouvoir échapper aux lois dictées par les gènes et les hormones.

15. La plasticité phénotypique se définit comme l'aptitude d'un génotype à présenter des modifications morphologiques, physiologiques, ou comportementales en réponse aux sollicitations de l'environnement.

16. Il s'agit d'un champ de recherche qui appartient à une des nombreuses branches de l'intelligence artificielle.

17. Celle-ci comprend la glande pinéale et les structures cérébrales qui lui sont associées.

18. Pour une lecture plus approfondie des fonctions exercées par le cortex préfrontal, on pourra consulter l'ouvrage de Rolent Jouvent, *Le Cerveau magicien*, Odile Jacob, 2009.

19. P. Glansdorff et I. Prigogine, *Thermodynamic Theory of Structure, Stability, and Fluctuations*, Wiley-Interscience, 1971.

20. J.-P. Changeux et A. Danchin, « Selective stabilization of developing synapses as a mechanism for the specification of neuronal networks », *Nature* (Lond.), 1976, 264, p. 705-712.

21. D. Purves et J. W. Lichtman, *Science*, 1985, 228, p. 298-302.

22. Le terme « information » est employé ici comme étant l'ensemble des messages qui permettent à l'organisme de se renseigner (de façon consciente ou non) sur l'état du monde dans lequel il évolue ou de son

milieu interne. Cette terminologie s'est éloignée de la définition initiale proposée par Claude Shannon en 1948, qui considérait l'information comme étant une grandeur observable et mesurable. Dans les laboratoires de la compagnie Bell, Shannon réfléchissait sur la manière de transmettre de l'information entre deux systèmes, de façon fiable, c'est-à-dire en cherchant à minimiser la probabilité d'erreur.

23. Cependant, le mythe d'une réalité alternative est l'un des piliers de la culture populaire moderne. Citons par exemple le film *Matrix* où les hommes vivent sans le savoir dans une réalité virtuelle créée par des ordinateurs superintelligents. Ce film pose la question de savoir comment nous pouvons être certains de ne pas être des créatures peuplant un monde factice ? Comme il est extrêmement difficile de répondre à cette question, l'industrie cinématographique a encore de beaux jours devant elle.

24. *Cf. Pour une nouvelle physiologie du goût*, de Jean-Didier Vincent et Jean-Marie Amat, Odile Jacob, 2000.

25. Pour plus d'informations sur les propriétés extraordinaires des cellules souches, nous renvoyons le lecteur à l'ouvrage *Les Cellules souches porteuses d'immortalité* que Nicole Le Douarin a publié en 2007 aux éditions Odile Jacob.

26. Cette intrication entre odeur et mémoire provient, entre autres, du cheminement particulier du message odorant. Celui-ci n'est pas relayé par les noyaux thalamiques, cette structure nerveuse où convergent toutes les autres informations sensorielles avant d'être envoyées vers les zones spécialisées du cortex cérébral. L'information odorante passe directement des cavités nasales aux circuits diffus de la mémoire et de l'émotion, sans aucun relais, ni représentation dans le cortex cérébral. Notre cerveau est donc organisé de telle manière que, percevant une odeur, il éveille une impression diffuse, mise en forme par un souvenir.

27. Le rhinencéphale est formé d'une large bande de cortex située à la face interne des hémisphères cérébraux. C'est un territoire très ancien de l'encéphale formé seulement de deux couches de neurones. L'origine étymologique (du grec *rhinos* signifiant « nez ») nous rappelle que cette structure entretien avec l'odorat une relation particulière. Mais le rhinencéphale reçoit aussi des sensations auditives, tactiles et visuelles, qu'il gère dans un contexte de mémoire ou d'affectivité.

28. Si, conceptuellement, la découverte d'une neurogenèse adulte dans l'organe sensoriel n'a fait l'objet d'aucune objection majeure, celle du bulbe olfactif a été jalonnée de querelles et autres débats houleux. Jusqu'à peu encore, on considérait le cerveau adulte comme un organe dépourvu de toute capacité régénératrice et condamné à perdre inéluctablement ses élé-

ments les plus précieux – les neurones. Cette vision fixiste de l'organe cérébral s'est trouvée fortement ébranlée par la découverte d'une production de nouvelles cellules nerveuses, chez l'adulte (*cf.* P.-M. Lledo et G. Gheusi, *La Recherche*, juillet 2010).

29. Les cellules gliales sont les plus nombreuses cellules du cerveau. Elles comprennent les *astrocytes* (qui régulent le fonctionnement des synapses), les *oligodendrocytes* (qui forment la gaine de myéline entourant les axones) et des cellules immunitaires, les cellules *microgiales*.

30. Les cellules souches de l'épithélium olfactif possèdent les mêmes caractéristiques que celles inventoriées dans le système nerveux central. Elles sont indifférenciées, capables d'autorenouvellement et sont pluripotentielles, c'est-à-dire capables de remplacer les différents types cellulaires de l'épithélium olfactif (*cf.* Nicole Le Douarin, *op. cit.*).

31. Plus que le vieillissement, c'est le manque d'activité mentale et physique, conjugué à l'ennui, qui pourrait être délétère aux performances intellectuelles des seniors. L'étude SHARE (pour Survey of Health, Ageing, and Retirement in Europe), menée auprès de 37 000 personnes dans 13 pays européens vient de confirmer cette hypothèse (http://www.share-project.fr/). Des tests de mémoire et de langage ont été effectués sur des personnes âgées entre 50 à 65 ans. Le verdict de cette étude est sans appel : les tests cognitifs montrent un déclin important après la retraite. La France, la Pologne, l'Autriche, la Belgique et l'Italie, des pays où l'on part jeune à la retraite, ont les plus mauvais scores. Les meilleurs sont la Suède et la Suisse où l'on quitte son emploi plus tard. Des données qui devraient nourrir le débat français sur l'âge légal du départ à la retraite.

32. Peut-être disposerons-nous un jour de nouveaux médicaments capables de stimuler à volonté la fabrication de nouveaux neurones, de manière ciblée.

33. G. Gheusi, H. Cremer, H. McLean, G. Chazal, J.-D. Vincent et P.-M. Lledo, « Importance of newly generated neurons in the adult olfactory bulb for odor discrimination », *Proc. Natl. Acad. Sci. USA*, 2000, 97, p. 1823-1828.

34. C. Rochefort, G. Gheusi, J.-D. Vincent et P.-M. Lledo, « Enriched odor exposure increases the number of newborn neurons in the adult olfactory bulb and improves odor memory », *J. Neurosci.*, 2002, 22, p. 2679-2689.

35. T. Shingo, C. Gregg, E. Enwere, H. Fujikawa, R. Hassam, C. Geary, J. C. Cross et S. Weiss, « Pregnancy-stimulated neurogenesis in the adult female forebrain mediated by prolactin », *Science*, 2003, 299, p. 117-120.

36. Technique qui permet d'inactiver temporairement une région cérébrale précise.

37. M. Botvinick et J. Cohen, *Nature*, 1998, 391, p. 756.

38. Selon plusieurs études statistiques, de 5 % à 10 % de la population a fait l'expérience, au moins une fois dans sa vie, d'une illusion de sortie du corps, et ceci quelles que soient les cultures.

39. Pour en savoir plus, on consultera l'ouvrage de Steven Laureys et Giulio Tononi, *The Neurology of Consciousness*, Academic Press, 2008 ; Jean-Pierre Changeux, *Du vrai, du beau, du bien. Une nouvelle approche neuronale*, Odile Jacob, 2008, et la synthèse de Christophe Lopez et Olaf Blanke, « Quand l'esprit met le corps à distance », publiée dans *La Recherche*, mars 2010, p. 48-51.

40. Couvrant ce domaine, on citera les ouvrages d'Alain Berthoz : *Le Sens du mouvement* (1997), *Leçons sur le corps, le cerveau et l'esprit* (1999), *La Décision* (2003), *Les Espaces de l'homme* avec Roland Rech (2005), tous parus aux éditions Odile Jacob.

41. Le système vestibulaire est le principal système sensoriel de la perception du mouvement et de l'orientation du corps par rapport à la verticalité. Localisé dans l'oreille interne, cet organe est à l'origine du sens de l'équilibre.

42. Le système somesthésique traite des sensations physiques (chaleur, douleur, pression, vibration, étirement, etc.) qui proviennent de différentes régions du corps.

43. C'est la raison pour laquelle les patients souffrant d'une affection vestibulaire sont parfois considérés comme particuliers, car la description de leurs symptômes est difficile à comprendre. Leur vertige et déséquilibre doivent être appréhendés comme autant de troubles de la perception de l'espace avec illusion de mouvement ou de rotation que d'affection de l'unité spatiale du corps et de la psyché.

44. Preuve de cette ouverture, le dalaï-lama a déclaré dans la revue scientifique *Nature* : « Si un jour, la science découvrait quelque chose qui entre en contradiction avec la religion, il faudrait alors revoir la religion. »

45. Ces questions fondamentales ont été abordées dans un ouvrage collectif avec le dalaï-lama et un groupe de chercheurs invités durant une semaine dans la résidence indienne du dalaï-lama. J. W Hayward (philosophie), R. B. Livingston et F. J. Varela (neurosciences), E. Rosch (psychologie cognitive) et N. Greenleaf (intelligence artificielle) ont répondu aux questions du sage oriental et tenté, avec lui, de jeter des passerelles au-delà des postulats scientifiques et des dogmes religieux. L'ouvrage tiré de cette rencontre, *Passerelles*, est paru sous la direction de J. W. Hayward et de F. Varela, aux éditions Albin Michel en 2000.

46. A. Lutz et coll., *Proc. Natl. Acad. Sci. USA*, 2004, 101, p. 16369-16373.

47. Rappelons que pour définir la *psyché,* Épicure disait qu'il s'agissait du cri de la chair. Voir aussi M. Williams, J. Teasdale, Z. Segal et J. Kabat-Zinn, *Méditer pour ne plus déprimer*, Odile Jacob, 2009.

48. B. K. Hölzel et coll., *Soc. Cogn. Affect Neurosci.*, 2008, 3, p. 55-61.

49. Les informations intéroceptives sont transmises dans l'encéphale où elles sont représentées dans le cortex somato-sensoriel et dans le cortex moteur primaire.

50. Merlin W. Donald., *A Mind so Rare. The Evolution of Human Consciousness*, W. W. Norton, 2001, p. 252 : « *Symbolic thought and language are inherently network phenomena. [...] [T]he origin of language [lies] in cognitive communities, in the interconnected and distributed activity of many brains.* »

51. *Ibid.*, p. 210-211. Du même auteur, on pourra aussi consulter *Origins of the Modern Mind. Three Stages in the Evolution of Human Cognition*, Harvard University Press, 1991. Cet ouvrage a fait l'objet d'une traduction en français : *Les Origines de l'esprit moderne. Trois étapes dans l'évolution de la culture et de la cognition*, DeBoeck Université, 1999.

52. Edgar Morin, *Le Paradigme perdu. La nature humaine,* Seuil, 1973, p. 63.

CHAPITRE 4
Le cerveau réparé

1. Montaigne, *Essais,* I, XXVI.

2. Georges Lantéri-Laura, *Le Cerveau,* Seghers, 1987.

3. Droitier, il dut écrire ses mémoires de la main gauche après une attaque d'apoplexie suivie d'hémiplégie. Contre l'avis du spécialiste appelé, il précisa la localisation – l'autopsie lui donna raison.

4. En 2011, les maladies mentales représentent en France un dixième des dépenses de santé (11 milliards d'euros), presque autant que les maladies cardio-vasculaires (12 milliards d'euros) et occupent le premier poste de dépense hospitalière. À l'échelle européenne, les coûts directs et indirects des pathologies mentales seraient bien supérieurs à ceux du cancer ou du diabète.

5. *Cf.* par exemple les travaux de R. Terry, R. DeTeresa et L. Hansen, « Neocortical cell counts in normal human adult aging », *Ann. Neurol.*, 1987, 21, p. 530-539.

6. D. J. Tisserand et coll., *NeuroImage,* 17, 2002, p. 657-669.

7. D. C. Park et N. Schwarz, *Cognitive aging : A primer*, Psychology Press, 1999.

8. Selon l'Insee, l'espérance de vie des hommes serait en France de 78 ans contre 85 ans pour les femmes (rapport de janvier 2011).

9. Il s'agit le plus souvent d'un virus modifié pour ne plus être réplicatif une fois introduit chez l'hôte.

10. La dégénérescence neurofibrillaire correspond à une accumulation de fibrilles formées de filaments qui envahissent le neurone. Ces fibrilles sont formées par l'assemblage dans les neurones de la protéine microtubulaire, Tau, modifiées par des résidus phosphorylés.

11. On estime que près de 10 % des personnes atteintes de la maladie d'Alzheimer seraient concernées par la forme héréditaire.

12. En raison de l'absence de marqueur biologique fiable de diagnostic précoce de la maladie, lorsque le diagnostic putatif est posé, il y a déjà plusieurs années d'altérations neurologiques qui ont pris place.

13. R. Kawashima et coll., « Reading aloud and arithmetic calculation improve frontal function of people with dementia », *J. Gerontol. A : Biol. Sci. Med. Sci.*, 2005, 60, p. 380-384.

14. La psychose maniaco-dépressive est un désordre mental qui se caractérise par des accès d'excitation psychique (manie en grec signifie folie) alternant avec des phases profondes de dépression (mélancolie).

15. Rappelons ici que c'est en 1952 que la psychiatrie biologique prend naissance avec la découverte du premier neuroleptique (la chlorpromazine : Largactil®). Les interventions médicamenteuses pourront dès lors remplacer le scalpel du neurochirurgien prompt à pratiquer des lobotomies. Cet arsenal chimiothérapique s'enrichit en 1957 du premier antidépresseur (iproniazide : Marsilid®) puis en 1960 de la première benzodiazépine (chlodiazépoxide : Librium®). Avec les progrès de la neurochimie apparaîtront dans les années 1960, les premières théories mono-aminergiques de la dépression (insuffisance de neurotransmission en sérotonine et/ou en noradrénaline), puis la théorie dopaminergique de la schizophrénie (hyperfonctionnement dopaminergique mésolimbique, hypofrontalité).

16. La version finale du *DSM-V* est prévue pour 2013.

17. L'homonculus a été découvert par le neurochirurgien Penfield (W. Penfield et E. Boldrey, « Somatic motor and sensory representation in the cerebral cortex of man as studied by electrical stimulation », *Brain*, 1937, 60, p. 339-448) qui, en stimulant le cerveau de patients au cours d'interventions chirurgicales, fut le premier à décrire l'organisation somatotopique du cortex sensitif (W. Penfield, *The Cerebral Cortex of the Man*, MacMillan, 1950). L'homonculus possède quatre caractéristiques : i) la seg-

mentation du corps en territoires bien définis, ii) des relations de proximité entre ces territoires ne reflétant pas la réalité physique du corps (la main est en continu à la face par exemple), iii) l'importance relative de chacune de ses parties (chez nous, la représentation des lèvres est disproportionnée par rapport au thorax), et iv) selon la région concernée, les cartes sont plus ou moins dynamiques. Chez les pianistes professionnels par exemple, cette dernière propriété se traduit par une représentation corticale des doigts bien plus importante que chez le débutant (M. Lotze et coll., « The musician's brain : functional imaging of amateurs and professionals during performance and imagery », *NeuroImage*, 2003, 20, p. 1817-1829).

18. La sensation dite du « membre fantôme » a été décrite pour la première fois au XVIe siècle par Ambroise Paré, chirurgien auprès du roi Charles IX. Le terme « membre fantôme » sera utilisé pour la première fois par l'Américain Silas Weir Mitchell en 1871. Cependant, si le phénomène du membre fantôme est connu dans la littérature médicale depuis le XIXe siècle, ce n'est que récemment que le mystère fut levé. Les douleurs fantômes se produisent lorsque les nerfs qui innervent normalement un membre perdent leur cible corticale. C'est Vilayanur Ramachandran, neurologue à l'Université de Californie à San Diego, qui expliqua en détail ce phénomène. Il s'interrogea pourquoi une personne qui venait de perdre accidentellement sa main, ressentait toujours son membre. Il montra que la présence d'un membre fantôme résultait de l'interruption irréversible des entrées sensorielles qui acheminaient l'information depuis la main vers le cortex. En réaction, les zones corticales proches des cartes de la main (le bras et le visage par exemple) occupent l'espace devenu vacant. Pour prouver sa théorie, Ramachandran et ses collègues montrent qu'en caressant les différentes parties du visage, le sujet ressent une sensation sur le membre disparu. Grâce à la magnétoencéphalographie (MEG) qui permet de visualiser l'activité du cerveau, ces mêmes chercheurs vérifièrent que le cortex somato-sensoriel du patient avait bien subi de profonds remaniements. Récemment, pour traiter les douleurs liées à l'apparition de membres fantômes, Ramachandran a développé une approche basée sur l'utilisation d'une boîte à miroir. Grâce à ce dispositif qui permet une rétroaction visuelle artificielle, le patient est capable de « déplacer » à nouveau son membre fantôme, et donc de reconfigurer la carte sensorielle qui venait de se modifier. L'application de cette méthode, répétée plusieurs fois, conduit les sujets vers une amélioration à long terme, voire pour certains, une rémission totale.

19. Les sensations fantômes surviennent chez 95 à 100 % des amputés. En revanche, les douleurs fantômes se constatent un peu moins fré-

quemment, avec 70 % des amputés durant les premières semaines suivant l'opération ou l'accident.

20. Il s'agit dans ce cas de douleur chronique.

21. C. D. Vargas, A. Aballéa, E. C. Rodrigues, K. T. Reilly, C. Mercier, P. Petruzzo, J.-M. Dubernard et A. Sirigu, « Re-emergence of hand-muscle representations in human motor cortex after hand allograft », *Proc. Natl. Acad. Sci. USA*, 2009, 106, p. 7197-7202.

22. Il s'agit du mésencéphale.

23. Les glucocorticoïdes jouent un rôle extrêmement important dans les réactions de peur, d'anxiété et dans les états dépressifs. Ils exercent souvent leurs effets sur le comportement en augmentant ou diminuant l'efficacité de certaines voies neuronales. Chez l'humain, c'est le cortisol qui est l'hormone sécrétée par les glandes surrénales et dont la concentration augmente avec le stress.

24. Un programme de remédiation cognitive pour patients présentant une schizophrénie ou un trouble associé (RECOS) a été développé au département de psychiatrie du Centre hospitalier universitaire vaudois (DP-CHUV) à Lausanne. Ce programme a été conçu pour remédier aux déficits cognitifs observés dans la schizophrénie et ses troubles associés qui renvoient à la psychose, et les troubles bipolaires.

25. Pour une approche plus exhaustive de la remédiation cognitive, le lecteur pourra consulter l'analyse publiée par Vianin et coll. dans la revue médicale suisse (P. Vianin, P. Marquet, P. J. Magistretti et P. Bovet, « Pertinence d'un programme de remédiation cognitive pour patients schizophrènes : l'hypothèse de la plasticité cérébrale », 2003, 555).

26. W. D. Spaulding, S. K. Fleming, D. Reed et coll., « Cognitive functioning in schizophrenia : Implications for psychiatric rehabilitation », *Schizophr. Bull.*, 1999, 25, p. 275-289.

27. M. Merzenich, W. M. Jenkins, P. Johnston, C. Schreiner, S. L. Miller et P. Tallal, « Temporal processing deficits of language-learning impaired children ameliorated by training », *Science*, 1996, 271, p. 77-81.

28. P. Tallal, S. L. Miller, G. Bedi, G. Byma, X. Wang, S. S. Nagarajan, C. Schreiner, W. N. Jenkins, M. M. Merzenich, « Language comprehension in language-learning impaired children improved with acoustically modified speech », *Science*, 1996, 271, p. 81-84.

29. M. Habib, « Rewiring the dyslexic brain », *Trends in Cognitive Sciences*, 2003, 7, p. 330-333.

CHAPITRE 5

Le cerveau augmenté et les multiples façons d'accommoder un cerveau

1. À moins que ce ne soit l'inverse. L'homme ne pourrait-il devenir tellement dépendant de cette technologie qu'il y soit asservi ?

2. Prolongement du système nerveux central (le névraxe), le système nerveux périphérique comprend l'ensemble des cellules nerveuses et fibres nerveuses se trouvant à l'extérieur du cerveau et du canal médullaire. Les nerfs, rattachés par une extrémité au névraxe, se ramifient à l'autre extrémité en une multitude de fines branches innervant l'ensemble du corps. On y distingue les nerfs crâniens et les nerfs rachidiens (trente et une paires).

3. Avec un casque, l'activité cérébrale est captée par des microélectrodes disposées à la surface du crâne (méthode non invasive).

4. Rappelons ici la maxime d'Isaac Asimov : « Un robot n'est pas tout à fait une machine. Un robot est une machine fabriquée pour imiter de son mieux l'être humain. » (Préface à *Prodige. La cité des robots*, J'ai Lu, 1990, p. 235.)

5. F. Cabestaing et A. Rakotomanonjy, *Comptes rendus du Colloque GRETSI*, 2007, 617.

6. Pour traiter de cette question, nous empruntons nombre d'informations à la synthèse rédigée par F. Lotte et coll., « Les interfaces cerveau-ordinateur : utilisation en robotique et avancées récentes », *Journées nationales de la recherche en robotique*, 2007.

7. Pour le philosophe Henri Bergson, il y a émergence progressive de l'esprit à partir de la matière grâce au discernement que requiert la perception. Mais ce dernier remet en cause la définition traditionnelle de la perception. Pour Bergson, percevoir, ce n'est pas juger ou connaître mais agir (ou pouvoir agir). Selon Bergson, l'acte de perception nous place donc directement dans la matière. Ce n'est donc pas une philosophie réflexive : on ne part pas de soi pour aller vers le monde. C'est en partant du monde indéterminé qu'on se donne le monde tel qu'il nous est donné, sans le mettre en doute. Contrairement à Kant, le sujet ne structure pas le monde, il n'y a pas de chaos antérieur : il y a un monde déjà structuré, qui s'impose à nous. Voir aussi le concept de *représentaction* (J.-D. Vincent, *Biologie des passions*, *op. cit.*).

8. Les robots contrôlés par la pensée pourraient connaître un grand succès auprès des particuliers et des entreprises au XXIe siècle. Selon l'ONU, nous verrons dans les prochaines années des robots qui escaladeront des

façades d'immeubles pour laver les vitres, assurer la sécurité des grandes villes, faire la guerre ou préparer notre cuisine.

9. On distingue classiquement deux grandes familles d'interfaces cerveau-machine (ICM). Lorsque le patient modifie volontairement son activité cérébrale et les variations neuronales correspondantes sont analysées, l'ICM est dite *asynchrone*. Pour l'interface *synchrone*, ce n'est pas l'activité spontanée du cerveau qui est enregistrée, mais plutôt sa réponse vis-à-vis d'une stimulation particulière. Dans ce cas, la personne reçoit des stimuli et le système analyse ses réponses cérébrales qui se traduisent par des variations du potentiel de champ (potentiel électrique global d'une région locale de la dimension d'une centaine de micromètres). Ces potentiels que l'on nomme « potentiels évoqués » servent de commande à la machine. Puisque cette réponse cérébrale est une caractéristique innée de l'individu, l'utilisation d'une interface synchrone ne nécessite pas d'apprentissage très long contrairement à l'ICM asynchrone.

10. A. Djourno, C. Eyries et P. Vallancien, *Bull. Acad. Natl. Med.*, 1957, 141, p. 481.

11. La prothèse rétinienne vise à se substituer aux fonctions défaillantes des photorécepteurs de la rétine par un système capable de capter les images, et les transformer en signaux électriques qui stimulent les neurones de la rétine interne. L'objectif d'une prothèse rétinienne est de restaurer une vision utile chez des patients aveugles suite à une dégénérescence des photorécepteurs durant certaines maladies comme la rétinopathie pigmentaire ou la dégénérescence maculaire liée à l'âge, pour lesquelles les neurones de la rétine interne restent encore fonctionnels.

12. Cette rétine artificielle est produite par l'entreprise américaine Second Sight.

13. En février 2010.

14. E. Evarts, *J. Neurophysiol.*, 1966, 29, p. 1011.

15. T. Elbert et coll., *Electroencephalogr. Clin. Neurophysiol.*, 1980, 48, p. 293.

16. A. Sterr et coll., *Nature*, 1998, 391, p. 134-135.

17. Le lecteur est invité à consulter les blogs de Rémi Sussan, essayiste et journaliste spécialisé dans les nouvelles technologies de l'information, qui s'intéresse aux applications de la technoscience dans les champs sociologiques (http://www.internetactu.net/author/remi-sussan/ et http://www.laspirale.org/texte.php?id=292). Sur ce sujet, il a également rédigé deux ouvrages, *Optimiser son cerveau* et *Demain les mondes virtuels*, tous deux parus aux éditions FYP, en 2009, dont nous avons tiré ici quelques exemples.

18. F. Cincotti et coll., *Brain Res. Bull.*, 2008, 75, p. 796.

19. Selon l'ONU, approximativement 80 % de la population handicapée mondiale vit dans les pays développés.

20. F. Lotte et coll., *Actes des Premières Journées de l'Association française de réalité virtuelle*, 2006, 55. A. Lécuyer et coll., *IEEE Computer*, 2008, 41, p. 66.

21. Depuis plus de quinze ans, des laboratoires universitaires aux États-Unis développent des recherches très actives à l'interface entre les neurosciences et la biotechnologie. Pour la plupart d'entre eux, ces laboratoires sont subventionnés par le DARPA, acronyme signifiant Defense Advanced Research Projects Agency, c'est-à-dire « Agence de recherche des projets avancés dans le domaine de la défense ». Cette agence rattachée au Pentagone (département de la Défense) est chargée de développer des nouvelles technologies destinées à l'usage militaire. C'est à cette agence, et à Bob Kahn en particulier, que l'on doit la première publication scientifique en 1973 sur la réalisation d'un nouveau protocole permettant de relier des réseaux hétérogènes (satellite, radio, lignes téléphoniques, etc.) : le fameux TCP/IP (Transmission Control Protocol/Internet Protocol), cher à Internet et à sa fameuse « Toile ». Plus récemment, les laboratoires du DARPA ont mis au point des démonstrateurs de pilotage d'engins (par exemple d'hélicoptères robots et des drones) à distance par le cerveau. Les scientifiques du DARPA ont développé également des prothèses « bioniques » qui améliorent considérablement les capacités humaines. Il s'agit par exemple de lentilles électroniques qui enrichissent la vision par des informations venant de calculateurs ou d'instruments de détection. Ces êtres humains enrichis de capacités artificielles, et associés à l'utilisation d'armes ultramodernes, confèrent aujourd'hui à l'armée des États-Unis une certaine suprématie.

22. Jean-Dominique Bauby, *Le Scaphandre et le Papillon*, Robert Laffont, 1997.

23. P. Kennedy et R. Bakay, *Neuroreport*, 1988, 9, p. 1707-1711.

24. J. Carmena et coll., *PLoS Biol.*, 2003, 1 (2), E42. Epub 13 octobre 2003, www.plosbiology.org.

25. Pour la primauté de cette découverte, voir J. K. Chapin, K. A. Moxon, R. S. Markowitz et M. A. Nicolelis, *Nat. Neurosci.*, 1999, 2, p. 664-670.

26. On trouvera plus d'informations consacrées à Jesse Sullivan sur le site de l'Institut de réhabilitation de Chicago : http://www.ric.org/bionic/.

27. T. Elbert et B. Rockstroh, *La Recherche*, 1996, 289, p. 86-89.

28. Miguel Nicolelis, « La pensée aux commandes », *La Recherche*, 2007, 410, p. 68. Miguel Nicolelis, « Mouvement : piloter un robot par la pensée », *Les Dossiers de La Recherche*, 2008, 30, p. 30-35.

29. Même à l'encontre des prédictions de Merleau-Ponty qui réfutait un tel pouvoir.

30. Un électroencéphalogrammme (EEG) est l'enregistrement graphique de l'activité électrique du cerveau. L'EEG est détecté au moyen d'électrodes placées à la surface du cuir chevelu qui permettent de mesurer les différences de potentiel électrique produites par les circuits nerveux de l'écorce cérébrale (cortex cérébral). L'EEG est donc constitué de la somme de plusieurs activités oscillatoires électriques caractérisées par leur amplitude, leur fréquence, leur localisation et leur réactivité. L'électroencéphalographie a été mise au point par Hans Berger entre 1924 et 1929.

31. C'est en 1993 que l'équipe dirigée par A.-L. Benabid parvient à éteindre les symptômes moteurs de la maladie de Parkinson en stimulant électriquement certaines régions du cerveau des patients.

32. R. Fuentes et coll., *Science*, 2009, 323, p. 1578-1582.

33. Il s'agit du trouble comportemental le plus fréquent chez l'enfant : de 5 % à 10 % d'entre eux en seraient atteints. Cette pathologie est généralement diagnostiquée vers l'âge de 4 à 6 ans et serait d'origine neurologique.

34. V. J. Monastra et coll., *Appl. Psychophysiol. Biofeedback*, 2005, 30, p. 95.

35. *Cf.* Annexe sur le neurofeedback.

36. Ces signaux sont caractéristiques de l'état mental dans lequel se trouve un sujet. Par exemple en état de relaxation les yeux fermés, la fréquence dominante des signaux émis par le cerveau sera généralement entre 8 et 13 hertz (signaux de type alpha).

37. Pour une bibliographie complète des publications scientifiques concernant le neurofeedback, consulter le site : http://www.adnf.org/bibliographie_biofeedback_EEG.htm.

38. C. S. Stevenson et coll., *Aust. N. Z. J. Psychiatry*, 2002, 36, p. 610-616.

39. J.-M. Guilé, *Neuropsychiatr. Enfance Ado*, 2004, 52, p. 510-514.

40. P. N. Friel, *Altern. Med. Rev.*, 2007, 12, p. 146.

41. S. Dehaene, *La Bosse des maths*, Odile Jacob, 2011.

42. Encore faudrait-il imaginer une reproduction possible entre les cyborgs et l'incompatibilité d'une reproduction avec les humains.

43. Le terme « cyborgs », d'origine anglaise, signifie *cybernetic organism*.

44. *Cf.* site http://www.uiowa.edu/~commstud/resources/digitalmedia/.

45. B. V. Zemelman et coll., *Neuron*, 2002, 33, p. 15-22.

46. Ce moucheron est un modèle de prédilection pour les études génétiques.

47. F. Zhang et coll., « Multimodal fast optical interrogation of neural circuitry », *Nature,* 2007, 446, p. 633-639.

48. J. Lippincott-Schwartz et G. H. Patterson, « Development and use of fluorescent protein markers in living cells », *Science,* 2003, 300, p. 87-91.

49. L. Groc et D. Choquet, « AMPA and NMDA glutamate receptor trafficking : multiple roads for reaching and leaving the synapse », *Cell Tissue Res.,* 2006, 326, p. 423-438.

50. Signifiant « mécanisme de contact » en grec.

51. M. Foster et C. S. Sherrington, *A Textbook of Physiology*, 3e partie : « The central nervous system », Macmillan and Co. Ltd, 1897.

52. G. M. Shepherd, *Creating Modern Neuroscience*, Oxford University Press, 2010, p. 291.

53. G. Nagel et coll., *Science,* 2002, 296, p. 2395-2398.

54. G. Nagel et coll., *Proc. Natl. Acad. Sci. USA,* 2003, 100, p. 13940-13945.

55. D. Evanko, *Nat. Methods,* 2007, 4, p. 384.

56. F. Zhang et coll., *Nat. Rev. Neurosci.,* 2007, 8, p. 577-581.

57. E. S. Boyden et coll., *Nat. Neurosci.,* 2005, 8, p. 1263-1268.

58. W. Penfield et E. Boldrev, *Brain,* 1937, 60, p. 389-443.

59. Wilder Penfield stimulait le cerveau de patients au cours d'interventions chirurgicales. Il montra que depuis l'extrémité du pied jusqu'au visage, tout le corps y est représenté, formant un petit homme miniature dans le cortex, qu'il a appelé « homonculus ».

60. R. Romo et coll., *Neuron,* 2000, 26, p. 273-278.

61. D. Huber et coll., *Nature,* 2008, 451, p. 61-64.

62. En 1897, le physiologiste russe Ivan Pavlov décrit les principes du réflexe conditionnel. Ce dernier, contrairement au réflexe inné qui dépend du cerveau reptilien, n'est acquis qu'à la suite d'un apprentissage qui repose sur des mécanismes cérébraux.

63. Le seuil de perception décrit ici est bien inférieur à celui précédemment estimé à partir des expériences classiques de microstimulations corticales électriques. *Cf.* E. J. Tehovnik, « Electrical stimulation of neural tissue to evoke behavioral responses », *J. Neurosci. Methods,* 1996, 65, p. 1-17.

64. C. Bardy, M. Alonso, W. Bouthour et P.-M. Lledo, « How, when, and where new inhibitory neurons release neurotransmitters in the adult olfactory bulb », *J. Neurosci.,* 2010, 30, p. 17023-17034.

65. T. Knopfel, « Expanding the toolbox for remote control of neuronal circuits », *Nat. Methods,* 2008, 5, p. 293-295.

66. La rétine est l'organe sensoriel de la vision. Elle est constituée d'une matrice de photorécepteurs qui captent les signaux lumineux et les

transforment en impulsions électriques transmises au réseau complexe de neurones internes de la rétine qui les achemine ensuite du nerf optique vers les centres visuels du cerveau.

67. La rétinopathie pigmentaire concerne trente-cinq mille personnes en France, environ quatre cent mille en Europe et plus de un million et demi dans le monde. Cette maladie génétique s'attaque progressivement aux cellules de la rétine et conduit progressivement le sujet vers la cécité totale.

68. Comme son nom l'indique, cette affection de l'œil résulte de la détérioration de la macula, une petite zone de la rétine située au fond de l'œil. La dégénérescence maculaire entraîne une perte progressive et parfois importante de la vision centrale, qui devient de plus en plus floue. La dégénérescence maculaire touche surtout les personnes âgées de 55 ans et plus.

69. V. Busskamp et coll., *Science*, 2010, 329, p. 413-417.

70. H. C. Tsai et coll., *Science*, 2009, 324, p. 1080-1084.

71. M. E. Carter et coll., *J. Neurosci.*, 2009, 29, p. 10939-10949.

72. V. Gradinaru et coll., *Science*, 2009, 324, p. 354-359.

73. Ce terme s'applique ici à tous les dispositifs électroniques, ou constitués de tissu cellulaire, composés de capteurs, de connexions et de puces électroniques implémentées dans le corps pour réparer certaines déficiences (sensorielles ou motrices) du système nerveux. Les récents progrès en matière d'implants oculaires (rétines artificielles) ou d'interface hommes-machines (communication par la pensée), par exemple, laissent entrevoir de nombreuses perspectives pour corriger un handicap.

74. Cette intervention peut se produire dans deux contextes différents : soit elle vise à *réparer* le sujet malade ou elle cherche à *améliorer* le sujet sain.

75. *Cf.* http://med.stanford.edu/news_releases/2004/april/neuroethics.htm.

76. Nous appellerons ici *smart drug* tout produit présentant une toxicité normalement faible et produisant un effet tonique recherché pour son amélioration supposée des fonctions mentales.

77. Le cerveau *augmenté* s'oppose au cerveau *réparé*, qui est rétabli dans son fonctionnement optimal. Cependant, bien qu'utile, cette distinction entre un cerveau *augmenté* et un cerveau *réparé* reste bien floue.

78. Norbert Wiener fut le père de cette discipline. Ce grand savant demeure un des piliers fondateurs de ce qui anime la société moderne : l'information et la communication. En 1948, N. Wiener publie *Cybernetics : Control and Communication in the Animal and the Machine*, qui pose les jalons de cette nouvelle discipline. Cette science des analogies maîtrisées entre organismes et machines, formalise la notion de rétrocontrôle et a des

implications dans les domaines de l'ingénierie, des contrôles des systèmes, de l'informatique, la biologie, la philosophie et l'organisation même de la société.

79. Le locus cœruleus (du latin « la tache bleue ») est un noyau sous-cortical du cerveau, situé dans le tronc cérébral. Cette petite région contient la moitié de tous les neurones qui utilisent la noradrénaline comme neurotransmetteur dans le cerveau et projette ses axones vers des régions cérébrales que l'on peut associer aux troubles paniques (amygdale, hippocampe, septum, cortex, tronc cérébral, formation réticulée, etc.) et impliquées dans la stimulation de l'éveil. L'activation du locus cœruleus permet aussi une suractivation du cortex préfrontal, important pour le contrôle de l'attention.

80. www.modafinil.info.

81. A. Pollack, « A biotech outcast awakens », *New York Times*, 20 octobre 2002.

82. « Pill to boost brain power », *BBC News*, 5 novembre 2002 à 10 h 33 GMT.

83. Jouant dans sa maison, Alice aperçoit un lapin vêtu à la mode victorienne. Elle décide alors de le suivre jusque dans son terrier, souhaitant voir ce qu'il y a « de l'autre côté du miroir ». Dans ce nouveau monde tout est inversé, elle devient le sujet d'un jeu d'échecs entre une reine rouge et une autre blanche. Au cours de ce jeu, le personnage principal et la Reine Rouge se lancent dans une course effrénée. Alice demande alors : « Mais, Reine Rouge, c'est étrange, nous courons vite et le paysage autour de nous ne change pas ? » Et la reine répondit : « Dans ce monde, il faut courir aussi vite que tu peux pour rester à la même place. » *De l'autre côté du miroir*, de son titre original *Through the Looking-Glass, and What Alice Found There*, est un roman écrit par Lewis Carroll en 1871, qui fait suite aux *Aventures d'Alice au pays des merveilles*.

84. Le glutamate, qui est le neurotransmetteur libéré par les synapses excitatrices, se fixe sur plusieurs sous-types de récepteurs dont deux sont particulièrement importants : les récepteurs AMPA et NMDA. Le récepteur AMPA est couplé à un canal ionique qui provoque l'entrée de sodium dans le neurone cible lorsque du glutamate s'y fixe. Cette entrée de sodium conduit à dépolariser la dendrite et, si cette dépolarisation atteint le seuil de déclenchement du potentiel d'action, la transmission de l'influx nerveux dans le neurone suivant. Le récepteur NMDA est également un récepteur au glutamate couplé à un canal ionique, mais c'est le calcium qu'il laisse entrer de façon privilégiée dans la cellule.

85. Selon l'Observatoire français des drogues et des toxicomanies (OFDT), 4 % des Français âgés de 24 à 44 ans en consommeraient (www.ofdt.fr).

86. 1,5 % des Français âgés de 15 à 75 ans consomment des amphétamines, toujours selon l'OFDT.

87. Il a également été président de la Société française de psychologie et du premier congrès mondial de psychiatrie en 1950, président du Comité national d'études des fonctions et maladies du cerveau en 1959 et du Collège international de neuro-psycho-pharmacologie en 1965. Il a publié de nombreux ouvrages touchant à sa discipline : *Les Astéréognosies et les sensibilités cérébrales, Les Dérèglements de l'humeur, La Psychophysiologie humaine, Aspects de la psychiatrie moderne, Études de psychologie médicale, Les Ondes cérébrales et la psychologie, L'Électricité cérébrale, Introduction à la médecine psychosomatique*.

88. Le terme dépendance est utilisé pour les conduites compulsives de recherche de drogue par un individu. Cette terminologie est ambiguë car elle peut être confondue avec la « dépendance physique » qui se traduit par une sensation physique de manque en l'absence de la substance donnée, comme dans le sevrage par exemple. Il y a donc très souvent confusion entre dépendance et addiction alors que les deux termes ne sont pas interchangeables. Par exemple, la cocaïne est une substance addictive qui n'entraîne pas de dépendance physique. Au contraire, un syndrome de sevrage accompagne systématiquement l'utilisation des antidépresseurs alors que la personne ne montre aucune attitude compulsive vis-à-vis de ce médicament.

89. C'est au neurobiologiste français Henri Laborit que l'on doit la découverte du premier neuroleptique aux propriétés relaxantes, la chlorpromazine. Dès lors, cette molécule va permettre de traiter des patients schizophrènes sans recourir à la lobotomie très populaire à cette époque.

90. A. Cadet-Taïrou, M. Gandilhon, E. Lahaie, M. Chalumeau, A. Coquelin, A. Toufik, OFDT, janvier 2010. Le dispositif Trend, mis en place en 1999, s'appuie sur un réseau de sept villes françaises (Bordeaux, Lille, Marseille, Metz, Paris, Rennes, Toulouse). Ce rapport présente une synthèse des résultats des observations réalisées pendant les années 2007 et 2008 ainsi que des données préliminaires sur l'année 2009. Il comporte deux grands volets : une partie transversale qui s'intéresse aux différents groupes d'usagers, aux contextes et aux modes d'usage ; puis une partie centrée plus particulièrement sur les grandes familles de produits psychotropes (opiacés, stimulants, hallucinogènes, médicaments détournés). À côté des tendances de fond enregistrées depuis plusieurs années, comme la continuation de la diffusion de la cocaïne dans notre société, ou encore la désaffection pour l'ecstasy sous sa forme comprimée, plusieurs phénomènes nouveaux méritent d'être cités : la diversification sociale croissante des populations usagères de substances illicites ; les prises de risques au sein des populations

jeunes les plus précarisées ; la confirmation d'un nouveau cycle de diffusion de l'héroïne après des années de déclin de l'usage consécutif à l'introduction des traitements de substitution.

91. http://www.assemblee-nationale.fr/rap-oecst/drogues/i3641-13.asp #P198_17242.

92. U. D. McCann, Z. Szabo, U. Scheffel, R. F. Dannals, G. A. Ricaurte, « Positron emission tomographic evidence of toxic effect of MDMA ("Ecstasy") on brain serotonin neurons in human beings », *Lancet*, 1998, 352, p. 1433-1437.

93. H. Greely, B. Sahakian, J. Harris, R. C. Kessler, M. Gazzaniga, P. Campbell, M. J. Farah, « Towards responsible use of cognitive-enhancing drugs by the healthy », *Nature*, 2008, 456, p. 702-705.

94. Aristote (*Physique*, II, 1) : « Parmi les êtres [...], les uns existent par nature, les autres par d'autres causes ; par nature, les animaux et leurs parties, les plantes et les corps simples, comme terre, feu, eau, air ; de ces choses en effet, et des autres de même sorte, on dit qu'elles sont par nature. Or, toutes les choses dont nous venons de parler diffèrent manifestement de celles qui n'existent pas par nature ; chaque être naturel, en effet, a en soi-même un principe de mouvement et de fixité, les uns quant au lieu, les autres quant à l'accroissement et au décroissement, d'autres quant à l'altération. Au contraire, un lit, un manteau ou tout autre objet de ce genre, en tant que chacun a droit à ce nom, c'est-à-dire dans la mesure où il est un produit de l'art, ne possèdent aucune tendance naturelle au changement, mais seulement en tant qu'ils ont cet accident d'être en pierre ou en bois ou en quelque mixte, et sous ce rapport ; car la nature est un principe et une cause de mouvement et de repos pour la chose en laquelle elle réside immédiatement, par essence et non par accident. »

95. G. F. Koob et M. Le Moal, « Addiction and the brain antireward system », *Annu. Rev. Psychol.*, 2008, 59, p. 29-53.

96. Sur certains campus des États-Unis, plus d'un étudiant sur quatre y aurait déjà recours.

97. J. Bentwich, E. Dobronevsky, S. Aichenbaum, R. Shorer, R. Peretz, M. Khaigrekht, R. G. Marton, J. M. Rabey, « Beneficial effect of repetitive transcranial magnetic stimulation combined with cognitive training for the treatment of Alzheimer's disease : A proof of concept study », *J. Neural Transm.*, 2011, 118, p. 463-471.

98. *Nano* signifie « nain » en grec. Selon le Système international d'unités, il correspond à une unité un milliard de fois plus petite que l'unité de base, ou à un ordre de grandeur neuf fois inférieur (http://www.bipm.fr/3_SI/si-prefixes.html).

99. *Cf.* la définition proposée par la Commission des Communautés européennes : *Vers une stratégie européenne en faveur des nanotechnologies*, rédigée le 12 mai 2004. ftp://ftp.cordis.europa.eu/.../nanotechnology/.../nano_com_fr.pdf.

100. Un nano-objet sphérique de deux à trois nanomètres de diamètre contient quelques atomes.

101. G. Binnig et coll., *Phys. Rev. B. Condens. Matter*, 1985, 32, p. 1336-1338.

102. Un microscope à effet tunnel fonctionne grâce à la pointe conductrice très fine qui est approchée si près de la surface d'un échantillon que les électrons peuvent passer de l'un à l'autre selon l'effet tunnel. Lorsqu'une tension est appliquée entre la surface et la pointe, un courant d'électrons peut être détecté. Grâce à ce courant, la distance pointe-surface peut être contrôlée de manière très précise. Par cette technique, une résolution fantastique peut être atteinte permettant d'avoir accès à l'arrangement des atomes sur une surface conductrice. L'utilisation de microscopes à force atomique permet même de dépasser le stade de l'analyse pour offrir la possibilité de manipuler individuellement des atomes que l'on peut ordonner à façon.

103. Chimie et nanotechnologies partagent beaucoup de propriétés. La chimie a pour objectif d'analyser des corps composés pour les ramener à des éléments simples ou au contraire de synthétiser des corps à partir de ces éléments de base. La chimie cherche donc à organiser des atomes entre eux pour former des molécules. Les nanotechnologies partagent ce même objectif, mais lorsque la chimie procède de façon statistique, sur des millions ou des milliards d'atomes, les nanotechnologies projettent de manipuler des atomes isolés pour construire des dispositifs avec une précision jusque-là inégalée. Nous pouvons conclure que les nanotechnologies s'appuient sur les lois de la chimie qui définissent les conditions dans lesquelles peuvent avoir lieu, ou non, des liaisons entre atomes.

104. C'est en 1974 que Norio Taniguchi employa ce terme pour décrire la capacité de fabriquer des matériaux à l'échelle nanométrique.

105. « *At the atomic level, we have new kinds of forces and new kinds of possibilities, new kinds of effects. The problems of manufacture and reproductions of materials will be quite different.* » Par R. Feynman, lors de son discours donné le 29 décembre 1959 à la Société américaine de physique.

106. Les nano-objets sont des particules dont les trois dimensions sont nanométriques. Si deux dimensions seulement sont nanométriques, on parle de nanofils (pleins) ou de nanotubes (vides). Les nanotubes les plus connus sont les nanotubes de carbone, mais il existe aussi des nanotubes

de nitrure de bore et des nanotubes naturels. Enfin, si une seule des dimensions est nanométrique, on a parlé alors des nanofeuillets.

107. Cette assertion correspond peu ou prou à la définition des nanotechnologies donnée par la National Nanotechnology Initiative (NNI) créée par le gouvernement de Bill Clinton en 2000 : « *The studio of structures, dynamics and properties of systems in which one or more of the spatial dimensions is nanoscopic (1-100 nm), thus resulting in dynamics and properties that are distinctly different (often in extraordinary and unexpected ways that can be favorably exploited) from both small-molecules systems and systems macroscopic in all dimensions.* » La vision de la NNI est celle d'un futur dans lequel la capacité à comprendre et à contrôler la matière à l'échelle nanoscopique conduit à une révolution technologique et industrielle qui profitera à tous les partenaires de la société. Les quatre objectifs visés sont : développer un programme de recherche en nanotechnologies qui permettra aux États-Unis d'assurer le leadership dans ce domaine. L'objectif est de dépasser les frontières entre disciplines et les limites du savoir afin de conquérir de nouveaux espaces de connaissance. Ce premier objectif se prolonge naturellement vers le second qui vise à soutenir le transfert des connaissances et des technologies développées afin de créer des biens assurant un bénéfice commercial ou sociétal. L'investissement pour assurer les besoins en infrastructures de recherche et en main-d'œuvre hautement qualifiée nécessaire au développement de ce domaine forme le troisième objectif du programme. Le dernier objectif consiste à assurer un développement responsable et raisonnable des nanotechnologies. Il s'agit de contrôler et d'évaluer les risques posés par les nanomatériaux pour l'environnement, la santé et la sécurité, mais aussi d'assurer la communication des actions de la NNI au public et de réfléchir aux implications éthiques et légales du développement des nanotechnologies. *Cf.* le portail participatif de la NNI, Strategy Portal, http://strategy.nano.gov/.

108. Le terme transistor provient de l'anglais *transfer resistor* (résistance de transfert). Le transistor est le composant électronique actif utilisé principalement comme interrupteur commandé. L'invention du transistor en 1948 a ouvert la voie à la miniaturisation des composants électroniques.

109. P. Schindler, J. T. Barreiro, T. Monz, V. Nebendahl, D. Nigg, M. Chwalla, M. Hennrich et R. Blatt, « Experimental repetitive quantum error correction », *Science*, 2011, 332, p. 1059-1061.

110. Le processeur est aussi appelé CPU (de l'anglais *central processing unit* pour unité centrale de traitement).

111. Une loi énoncée par Gordon Moore prévoit que tous les vingt-quatre mois, la taille des composants électroniques diminue de moitié tandis que leur performance augmente.

112. Les nanomatériaux se déclinent sous plusieurs formes comprenant des particules libres ou fixées, de fibres ou de tubes, de cristaux ou de lamelles.

113. *Cf.* la synthèse documentaire du Centre de documentation Économie-Finances du 25 mai 2010 ; http://www.minefi.gouv.fr/directions_services/cedef/synthese/nanotechnologies/synthese.htm.

114. Des efforts notables sont à développer pour obtenir l'acceptation du citoyen et assurer une commercialisation réussie des nanomatériaux. Le choix de ces orientations devrait s'inscrire dans une réglementation très stricte, déconnectée, autant que faire se peut, de la notion de profit et accompagnée d'une information plus large du public sur les enjeux. Une attitude moins spontanéiste vis-à-vis des problèmes de cette nature relève explicitement d'une maîtrise sociale et politique de la dialectique des risques. Il est grand temps d'essayer de le faire comprendre et de lancer des procédures d'information et de discussion beaucoup plus tournées vers un grand débat public. En cas de rupture de cette chaîne de l'information, le danger alternatif serait le retour d'une méfiance systématique vis-à-vis des effets « néfastes » du progrès scientifique et technique. Un tel retournement de situation permettrait l'utilisation abusive du principe de précaution au nom d'une transposition modernisée des terreurs sacrées à l'égard des transgressions de l'ordre du « naturel ».

115. Les systèmes moléculaires organisés (SMO) proviennent de l'auto-organisation des molécules induisant un ordre à longue distance à l'échelle supramoléculaire. Cette organisation résulte d'interactions faibles à courtes distances qui agissent loin des états thermodynamiques à l'équilibre. La possibilité de certaines molécules à pouvoir s'organiser spontanément lorsqu'elles sont placées dans un environnement approprié, ouvre la voie vers une nouvelle pharmacologie. Les SMO sont étudiés par la conjonction thématique de la physique de la matière molle, de la chimie moléculaire, puis de la biologie et désormais du génie des procédés.

116. B. Tian et coll., *Science*, 2010, 329, p. 830-834.

117. *Cf.* les travaux de Dominique Martinez au Laboratoire lorrain de recherche en informatique et ses applications (LORIA) à Vandœuvre-les-Nancy : http://www.loria.fr/~dmartine/.

118. H. Bannai et coll., *Nat. Protoc.*, 2006, 1, p. 2628-2634.

119. On consultera le site des deux experts mondiaux en la matière, celui d'Antoine Trillers (http://www.ibens.ens.fr/spip.php?article42) et de Daniel Choquet (http://www.inb.u-bordeaux2.fr/dev/FR/chercheur.php?chercheur=Daniel %20Choquet&id=131), où l'on trouvera nombre de leurs publications principales dans ce domaine.

120. *Cf.* le rapport *Nanosciences et progrès médical* de l'Office parlementaire d'évaluation des choix scientifiques et technologiques par Jean-Louis Lorrain et Daniel Raoul, déposé le 6 mai 2004 ; http://www.assemblee-nationale.fr/12/rap-off/i1588.asp.

121. P. Fromherz, « Neuroelectronic interfacing : Semiconductor chips with ion channels, nerve cells and brain », *in* R. Wase (éd.), *Nanoelectronics and Information Technology*, Wiley, 2003, p. 783-808.

122. P. Fromherz, *Ann. N. Y. Acad. Sci.*, 2006, 1093, p. 143-160.

123. Il s'agit d'une barrière virtuelle qui isole partiellement le système nerveux central de la circulation sanguine. Cette barrière protège les cellules nerveuses des influences externes. Elle est constituée de capillaires sanguins dont la structure spéciale permet d'exercer la fonction de filtre sélectif. Si elle exerce un effet bénéfique pour le cerveau en le protégeant des pathogènes et autres toxines, elle constitue également un frein à l'action de certains médicaments qui demeurent incapables de la traverser pour agir dans le cerveau.

124. G. Férone et J.-D. Vincent, *Bienvenue en transhumanie*, Grasset, 2011.

125. Six millions de personnes dans le monde sont aveugles à cause des maladies infectieuses de la cornée. Malheureusement, les greffes de cornées restent encore trop rares (dix mille par an en Europe) en raison des risques de contracter une maladie du donneur (HIV, hépatite C, maladie à prions, etc.). Dans ce cadre, la possibilité de reconstruire la cornée à partir de tissus artificiels est précieuse.

126. On citera comme premier exemple le projet Blue Brain qui associe la compagnie IBM et l'École polytechnique fédérale de Lausanne (EPFL). À l'aide d'un superordinateur dernier cri, des neuroscientifiques ont pu copier une colonne néocorticale complète d'un cerveau de rat en utilisant des dizaines de milliers de puces informatiques imitant des neurones. L'objectif de ces chercheurs n'est rien moins que de simuler la physiologie d'un cerveau humain pour extraire toute l'information qui fait de nous un être unique. Un autre exemple nous est fourni par le projet Human Connectome, qui a reçu 40 millions de dollars en octobre 2010 pour cartographier l'ensemble des réseaux neuronaux du cerveau au repos, c'est-à-dire non mobilisé par une tâche spécifique. Ce programme de recherche consiste, entre autres, à découper le cerveau en très fines tranches (1 micromètre) avec un appareil appelé ultramicrotome. Ces tranches seraient ensuite scannées à l'aide d'un microscope électronique. Des ordinateurs analyseraient alors ces données et reproduiraient la structure de notre cerveau en 3D avec une précision au micromètre près et en un temps record.

ANNEXE I

Le neurofeedback : la nouvelle gonflette cérébrale

1. Pour plus amples informations sur les champs possibles d'application du neurofeedback, *visiter* le portail : http://www.passeportsante.net/fr/Therapies/Guide/Fiche.aspx?doc=biofeedback_th. Une bibliographie complète des articles scientifiques publiés sur le neurofeedback est proposée sur le site de l'International Society for Neurofeedback & Research (http://www.isnr.org/).

2. Dans ce cas précis, les changements de potentiel électrique sont appelés potentiels évoqués.

3. Les ondes alpha favorisent la capacité de coordination mentale. En leur présence, le sujet est généralement calme et détendu. Pour certains, il semblerait que les ondes alpha puissent jeter un pont entre conscient et inconscient.

4. L'analyse précise d'un EEG révèle les fréquences suivantes : delta (de 0,5 à 4 hertz ; elles accompagnent le sommeil profond, sans rêve), thêta (entre 4 et 8 hertz ; ce sont les ondes de la relaxation profonde atteinte, en plein éveil), alpha (de 8 à 12 hertz ; ce sont les ondes de la relaxation légère et de l'éveil calme), bêta (entre 13 et 30 hertz ; ce sont les ondes de nos activités mentales courantes) et gamma (supérieur à 30 hertz ; elles témoignent d'une grande activité cérébrale comme celle qui accompagne les processus créatifs ou bien la recherche de solutions à un problème). La fréquence des ondes cérébrales varie donc selon le type d'activités dans lequel notre cerveau est engagé. En revanche, si le graphique enregistré par l'EEG reste plat, c'est qu'il n'y a pas d'activité cérébrale. C'est aujourd'hui la définition profane de la mort (*Cf.* l'article de Lucie Dumoulin et Léon René de Cotret dans « Passeportsanté.net » : http://www.passeportsante.net/fr/Therapies/Guide/Fiche.aspx?doc=synchrotherapie_th).

5. Le rythme bêta est le régime oscillatoire dominant lorsque nos yeux restent ouverts, nous écoutons de la musique et pensons durant la résolution d'un problème analytique, effectuons un jugement, une prise de décision, et lorsque nous traitons des informations relatives au monde qui nous entoure.

6. L'Association américaine de psychiatrie définit l'état de stress post-traumatique comme « un état morbide survenu au décours d'un événement exceptionnellement violent, capable de provoquer de la détresse pour quiconque ».

7. E. G. Peniston et P. J. Kulkosky, « Alpha-theta brainwave training and beta-endorphin levels in alcoholics », *Alcohol Clin. Exp. Res.*, 13, 1989, p. 271-279.

8. N. Chevalier, M.-M. Guay, A. Achim, P. Lageix et H. Poissant, *Trouble déficitaire de l'attention avec hyperactivité : Soigner, éduquer, surtout valoriser*, Presses de l'Université du Québec, 2006.

9. Pour plus d'informations sur l'Association pour la diffusion du neurofeedback en France (ADNF), consulter le site : http://www.adnf.org/.

10. Pour une liste complète des jeux basés sur des systèmes de neurofeedback, consulter le site : http://www.mindmodulations.com.

11. Voir en particulier J. Kamiya, « Biofeedback training in voluntary control of EEG Alpha rhythms », *Calif. Med.*, 1971, 115, p. 44 ; J. A. Robbins, *Symphony in the Brain : The Evolution of the New Brain Wave Biofeedback*, Grove Press, 2001 ; M. B. Sterman, « Basic concepts and clinical findings in the treatment of seizure disorders with EEG operant conditioning », *Clin. Electroencephalogr.*, 2000, 31, p. 45-55. Pour plus d'informations sur l'International Society for Neurofeedback & Research : www.isnr.org.

ANNEXE II
La naissance des premiers nanoéléments

1. B. Aïssa et M. A. El Khakani, *Nanotechnology*, 2009, 20, p. 175203 ; Y. Ma et coll., *ACS Nano.*, 2008, 2, p. 1197-1204 ; A. V. Andreev, *Phys. Rev. Lett.*, 2007, 99, p. 247204 ; H. Park et coll., *Nano. Lett.*, 2006, 6, p. 916-919 ; H. T. Man et A. F. Morpurgo, *Phys. Rev. Lett.*, 2005, 95, p. 26801 ; Z. Yao et coll., *Phys. Rev. Lett.*, 2000, 84, p. 2941-2944.

Remerciements

Nous tenons à saluer ici toutes les personnes qui, de près ou de loin, ont contribué à la réalisation de cet ouvrage. Sans véritable rigueur de hiérarchisation, ni souci taxinomique, nous avons laissé à notre mémoire le soin de faire ressurgir les visages sur lesquels nous associons la plus grande affection.

Tout d'abord, nos remerciements s'adressent à tous les membres de l'unité Perception et Mémoire de l'Institut Pasteur pour leur complicité et leur promptitude à partager toutes les joies de la recherche.

Nous sommes très reconnaissant à Gilles Gheusi, Pierre-Jean Arduin, Dominique Martinez et Serge Picaud d'avoir accepté la relecture, totale ou partielle, de cet ouvrage. Leurs commentaires, tant sur la forme que sur son fond, ont contribué sans aucun doute à améliorer de manière significative cet ouvrage.

Nous exprimons toute notre gratitude à nos deux compères, Henri Korn et Jean-Pierre Changeux, pour leurs échanges continuels, si riches, et leurs conseils toujours éclairés.

Enfin, ces remerciements ne seraient pas complets si l'un d'entre nous n'avait pas eu la chance d'avoir à ses côtés, Pascale, Isabel, Clément, ainsi que Daniel, Jean-Bernard, Dominique, Gérard et Christian, qui tous le soutiennent généreusement.

P.-M. L.

Avant tout, merci à Pierre-Marie Lledo, pour notre bonne entente, et à toute son équipe de l'Institut Pasteur.

À Philippe Vernier, mon fidèle ami, qui m'a accueilli à l'INAF, où il m'a brillamment succédé, et à son unité de recherche (Développement et plasticité du système nerveux).

À Odile Jacob et Bernard Gotlieb, pour leur soutien de toujours, et à Jean-Luc Fidel, sans qui ce livre n'existerait pas.

À Hélène Hryn, pour son aide dans l'utilisation de ce meuble qui me terrorise, l'ordinateur.

À mon ami Jean-François Moueix, pour sa présence discrète à mes côtés sur les sentiers de la *selva obscura*.

Aux marcheurs des collines, le Chef et le Colonel, sans qui la campagne bordelaise serait moins belle. Aux châtelains de Gourgue, le Sieur et la Dame Lysotte, pour leur aimable suzeraineté.

Aux Verdier enfin, Mamie, Alain et Kéké, et à René Biandon, ma famille épigénétique.

J.-D. V.

Table

OUVRAGES DE JEAN-DIDIER VINCENT
CHEZ ODILE JACOB

Voyage extraordinaire au centre du cerveau, illustré par François Durkheim, 2007.

Désir et mélancolie, 2006.

Pour une nouvelle physiologie du goût (avec Jean-Marie Amat), 2000.

Qu'est-ce que l'homme ? (avec Luc Ferry), 2000.

Faust, une histoire naturelle (avec Jean-François Peyret), 2000.

La vie est une fable, 1998.

La Chair et le Diable, illustré par François Durkheim, 1996.

Celui qui parlait presque, 1993.

Casanova, la contagion du plaisir, 1990.

Biologie des passions, illustré par François Durkheim, 1986.

CET OUVRAGE A ÉTÉ TRANSCODÉ
ET MIS EN PAGES CHEZ NORD COMPO (VILLENEUVE-D'ASCQ)
ET ACHEVÉ D'IMPRIMER SUR ROTO-PAGE
PAR L'IMPRIMERIE FLOCH À MAYENNE
EN DÉCEMBRE 2011

N° d'impression : 80392
N° d'édition : 7381-2709-X
Dépôt légal : janvier 2012
Imprimé en France